交通运输行业高层次人才培养项目著作书系

付中敏 郑惊涛 陈 飞 著

三峡工程蓄水后长江中游航道

olution Law and Regulation Technology of Middle Yangtze River Waterway after Impoundment of the Three Gorges Project | 演变规律及整治技术

人民交通出版社股份有限公司

China Communications Press Co.,Ltd.

内 容 提 要

本书为"交通运输行业高层次人才培养项目著作书系"中的一本。全书依托三峡工程蓄水以来长江中游航道原型观测资料,系统研究了新水沙条件下长江中游典型长河段演变规律及整治原则,分析了航道整治建筑物适应性,提出了相应的应对技术等。

本书可供从事航道整治工程前期研究及设计工作的技术人员使用,也可供高等院校相关专业师生参考。

图书在版编目(CIP)数据

三峡工程蓄水后长江中游航道演变规律及整治技术 /
付中敏,郑惊涛,陈飞著. — 北京:人民交通出版社股份有限公司,2017.8
(交通运输行业高层次人才培养项目著作书系)
ISBN 978-7-114-13655-9

Ⅰ.①三… Ⅱ.①付… ②郑… ③陈… Ⅲ.①三峡水利工程—水库蓄水—长江—中游—航道—研究 Ⅳ.①TV632.63

中国版本图书馆 CIP 数据核字(2017)第 023902 号

交通运输行业高层次人才培养项目著作书系

书　　名:三峡工程蓄水后长江中游航道演变规律及整治技术
著 作 者:付中敏　郑惊涛　陈　飞
策划编辑:周　宇
责任编辑:牛家鸣
出版发行:人民交通出版社股份有限公司
地　　址:(100011)北京市朝阳区安定门外外馆斜街 3 号
网　　址:http://www.ccpress.com.cn
销售电话:(010)59757973
总 经 销:人民交通出版社股份有限公司发行部
经　　销:各地新华书店
印　　刷:北京市密东印刷有限公司
开　　本:787×1092　1/16
印　　张:7.5
字　　数:160 千
版　　次:2017 年 8 月　第 1 版
印　　次:2017 年 8 月　第 1 次印刷
书　　号:ISBN 978-7-114-13655-9
定　　价:50.00 元

(如有印刷、装订质量问题的图书,由本公司负责调换)

书系前言
Preface of Series

进入 21 世纪以来,党中央、国务院高度重视人才工作,提出人才资源是第一资源的战略思想,先后两次召开全国人才工作会议,围绕人才强国战略实施做出一系列重大决策部署。党的十八大着眼于全面建成小康社会的奋斗目标,提出要进一步深入实践人才强国战略,加快推动我国由人才大国迈向人才强国,将人才工作作为"全面提高党的建设科学化水平"八项任务之一。十八届三中全会强调指出,全面深化改革,需要有力的组织保证和人才支撑。要建立集聚人才体制机制,择天下英才而用之。这些都充分体现了党中央、国务院对人才工作的高度重视,为人才成长发展进一步营造出良好的政策和舆论环境,极大激发了人才干事创业的积极性。

国以才立,业以才兴。面对风云变幻的国际形势,综合国力竞争日趋激烈,我国在全面建成社会主义小康社会的历史进程中机遇和挑战并存,人才作为第一资源的特征和作用日益凸显。只有深入实施人才强国战略,确立国家人才竞争优势,充分发挥人才对国民经济和社会发展的重要支撑作用,才能在国际形势、国内条件深刻变化中赢得主动、赢得优势、赢得未来。

近年来,交通运输行业深入贯彻落实人才强交战略,围绕建设综合交通、智慧交通、绿色交通、平安交通的战略部署和中心任务,加大人才发展体制机制改革与政策创新力度,行业人才工作不断取得新进展,逐步形成了一支专业结构日趋合理、整体素质基本适应的人才队伍,为交通运输事业全面、协调、可持续发展提供了有力的人才保障与智力支持。

"交通青年科技英才"是交通运输行业优秀青年科技人才的代表群体,培养选拔"交通青年科技英才"是交通运输行业实施人才强交战略的"品牌工程"之一,1999 年至今已培养选拔 282 人。他们活跃在科研、生产、教学一线,奋发有为、锐意进取,取得了突出业绩,创造了显著效益,形成了一系列较高水平的科研成果。为加大行业高层次人才培养力度,"十二五"期间,交通运输部设立人才培养专项经费,重点资助包含"交通青年科技英才"在内的高层次人才。

人民交通出版社以服务交通运输行业改革创新、促进交通科技成果推广应用、支持交通行业高端人才发展为目的,配合人才强交战略设立"交通运输行业高层次人才培养项目著作书系"(以下简称"著作书系")。该书系面向包括"交通青年科技英才"在内的交通运输行业高层次人才,旨在为行业人才培养搭建一个学术交流、成果展示和技术积累的平台,是推动加强交通运输人才队伍建设的重要载体,在推动科技创新、技术交流、加强高层次人才培养力度等方面均将起到积极作用。凡在"交通青年科技英才培养项目"和"交通运输部新世纪十百千人才培养项目"申请中获得资助的出版项目,均可列入"著作书系"。对于虽然未列入培养项目,但同样能代表行业水平的著作,经申请、评审后,也可酌情纳入"著作书系"。

高层次人才是创新驱动的核心要素,创新驱动是推动科学发展的不懈动力。希望"著作书系"能够充分发挥服务行业、服务社会、服务国家的积极作用,助力科技创新步伐,促进行业高层次人才特别是中青年人才健康快速成长,为建设综合交通、智慧交通、绿色交通、平安交通做出不懈努力和突出贡献。

交通运输行业高层次人才培养项目
著作书系编审委员会
2014 年 3 月

作者简介

Author Introduction

　　付中敏,博士,教授级高工,现任长江航道规划设计研究院航道研究二所所长。主要从事长江中下游航道整治相关的规划及科研设计工作。

　　近年来通过主持或参与国家科技项目、西部交通建设科技项目、大型航道整治科研设计项目,解决了碍航特性和演变规律、治理措施、工程结构、模拟技术等关键技术,形成了一整套洲滩控制技术,研发了一批消能促淤、生态型整治建筑物及新型结构,对受三峡工程蓄水运用影响下的中下游航道治理有较高的造诣。

　　在国内外学术刊物上发表论文五十余篇,获得国家级咨询成果一等奖1项,省部级奖二十多项,其中科技一等奖6项、设计一等奖1项。获得湖北省青年岗位能手、长江航务管理局第四届"长航十大杰出青年"、交通运输部"交通青年科技英才"、交通运输部"交通运输行业中青年科技创新领军人才"、中国航海学会青年科技奖、湖北青年五四奖章等荣誉称号。

作者简介
Author Introduction

　　郑惊涛,硕士,高级工程师,现任职于长江航道规划设计研究院航道研究二所。主要从事长江中下游航道整治相关的规划及科研设计工作。

　　主持或参加完成了 2 项国家科技项目、1 项交通运输部重大科技专项、8 项省部级科技项目,多项成果达到了国际领先水平,共获得省部级科技奖励 7 项,其中科技一等奖 4 项;获得国家发明专利及实用新型专利各 1 项,发表学术论文十余篇,荣获"长航局先进科技工作者"称号。

前言
Foreword

长江是我国第一大河流,干线全长2838km(水富—长江口),大小通航支流达到3600多条,通航里程约11万km。作为沟通我国东、中、西部地区的运输大动脉,长江的货运量自2005年以来一直位居全球内河第一,在流域经济社会发展中具有极其重要的地位,素有"黄金水道"之称。其形成的长江经济带覆盖上海、江苏、浙江、安徽、江西、湖北、湖南、重庆、四川、云南、贵州共11个省市,面积约205万km^2,人口和生产总值均超过全国的40%,具有独特优势和巨大发展潜力。

长江三峡工程是一个集防洪、发电、航运为一体的大型水利枢纽,是治理和开发长江的关键性骨干工程。三峡工程水库正常蓄水位175m,总库容393亿m^3。三峡工程于2003年6月蓄水至135m后,历经了2003年6月~2006年9月的围堰蓄水期(135~139m)、2006年9月~2008年9月期间的初期蓄水期(144~156m)和2008年9月至今的试验性蓄水期(145~175m)三个蓄水阶段。改善长江干流航道条件、发挥航运效益,是三峡工程的主要兴利目标之一。三峡工程蓄水运用后,随着蓄水位的逐步抬高,坝下游枯期流量增大,对航道尺度、航行条件起到直接的改善作用。然而,水沙条件和边界条件的重大变化也将使大坝下游的水流条件、冲淤特性及河床演变规律发生调整,并可能使部分滩险的航道条件变差,甚至可能造成新的碍航滩险。受水库"清水下泄"等影响,三峡下游河段出现以河床冲刷为主的调整变形,沿程水位不同程度地下降,河床持续粗化,大埠街以上砂卵石河段航道水浅、坡陡流急问题较为突出,大埠街以下沙质河段也出现局部岸线崩退、洲滩冲刷、断面展宽、支汊发展等不利现象。因此,对三峡蓄水后坝下长江中游出现不利现象进行分析,研究新水沙条件下长江中游航道演变规律,解决长江中游航道整治技术难题,对解除长江中游通航瓶颈、提升长江航道通过能力具有重要的现实意义。

2009年,交通运输部批准由长江航道规划设计研究院承担,南京水利科学研究院和交通运输部天津水运工程科学研究院等单位参加,开展"复杂条件下长江中游航道系统整治技术研究"项目的研究工作。项目组历经近三年的时间,采用调研观测、理论分析、水槽模型试验、河工模型试验和数学模型计算等研究手段，针对新水沙条件下长江中游典型长河段演变规律及整治原则、新水沙条件下长江中游航道整治建筑物适应性及应对技术等关键问题进行了系统深入的研究。在以往的长江中游航道整治原则基础上，结合长江中游航道的新水沙特点和理论分析，揭示三峡水库蓄水运用至今，在清水冲刷下，长江中游宜昌至武汉不同河段、不同河型的冲淤演变规律，预测航道发展趋势；根据清水冲刷下的演变规律和趋势，有针对性地提出合理可行的航道整治原则；在重点浅滩的演变规律及长河段冲淤变化研究基础上，采用理论分析和概化模型试验相结合的方法，研究已建工程不同部位受水沙过程变化作用的机制，明确水动力作用特性和失稳动力因素，把握建筑物的失稳模式及主控动力效应，诊断其整体适应性；针对失稳动力因素和建筑物破坏触发点的位置特征，利用已有的内河及海堤防护中对护底、护脚、护面结构防护效果的认识，提出相应的四面体组合框架修固措施；设计藕池口—碾子湾段典型航道整治工程概化模型试验，测试各典型流量条件（整治流量、设计洪水流量）冲刷作用下修固后整治建筑物的稳定性，验证其抗水毁效用；在航道整治建筑物水毁成因及失稳动力因素剖析的基础上，针对建筑物结构形式和主要动力因子的关系，提出利用四面体组合框架控制或减弱局部动力因子的作用效应的丁坝结构形式的改进技术，探索整体稳定性强、流态优良的航道整治建筑物新型结构形式，提高建筑物的整体适应性，并利用藕池口—碾子湾段概化模型试验检验新结构形式应对新水沙条件的有效性。研究成果已经应用到长江中游航道系统治理工程中，并取得了良好的效果，突破的复杂条件下航道系统整治关键技术，为坝下段航道整治及维护提供了参考，丰富了航道整治工程的学科理论，并为相关行业标准规范的制（修）订提供了基础资料和借鉴，推动了行业科技进步。

本书为该项目的主要研究成果。本书共分为 7 章：第 1 章"绪论"，包括引言、国内外研究现状、长江中游航道整治研究。第 2 章"三峡蓄水后水沙条件变化"，主要介绍三峡蓄水后径流量及输沙量变化、悬移质及河床质级配变化、河床冲淤等。第 3 章"长江中游典型长河段河床演变及航道条件变化分析"，提出长河段划分原则，开展宜昌—大埠街砂卵石河段、上荆江河段、下荆江河段的演变规律和航道条件分析，提出演变趋势。第 4 章"长江中游典型长河段航道整治原则"，包括河道形态与航道条件的关系、航道整治时机和新水沙条件下长江中游典型河段航道整治原则。第 5 章"整治建筑物适应性"，包括整治建筑物的种类及结构形式、整治建筑物水毁原因分析、整治建筑物适应性分析。第 6 章"透水框架水动力特性试验研究"，包括试验水流条件、透水框架作用后的流速、紊动及能量变化、透水框架的阻力特性、模型缩尺影响分析。第 7 章"不同布置方式的透水框架消能护滩效果试验研究"，包括试验水流条件及框架布置方式、透水框架抛投密度与消能护滩效果关系、透水框架抛投宽度与消能护滩效果关系、透水框架抛投间距与消能护滩效果关系等。

本书成果是在长江航道规划设计研究院对长江中游航道长期跟踪分析的基础上,进一步研究、加工凝练形成的,凝聚了该院的集体智慧。参加本书编写的主要人员有:长江航道规划设计研究院付中敏、郑惊涛、陈飞、雷国平、余珍、黄成涛、谷祖鹏、尹书冉、李明等;长江航道局刘怀汉;天津水运工程科学研究院张明进、张华庆、王建军等;南京水利科学研究院陆彦、陆永军、季荣耀等。本书在编写过程中得到了交通运输部科技司、西部交通建设科技项目管理中心、交通运输部水运局、南京水利科学研究院、天津水运工程科学研究院、长江航务管理局、长江航道局、交通运输部三峡办等单位领导和专家的关心、支持和帮助,在此深表感谢!

本书编写的初衷是"截断巫山云雨,助中游险段通途",由于撰写时间仓促,作者和研究者水平有限,书中难免存在错误与不足。敬请专家和广大读者批评指正。

作　者
2016 年 9 月

目 录
Contents

第1章 绪 论

1.1 引言

长江黄金水道是横贯我国东、中、西部经济走廊的水运大动脉和对外开放的重要门户，是目前世界上内河运输最繁忙、运量最大的通航河流。党中央、国务院十分重视长江黄金水道的建设，多次就长江水运发展作出重要指示。2005年11月"合力建设黄金水道，促进长江经济发展"高层座谈会召开，正式吹响了长江黄金水道大发展的号角。近年来，长江干线航道建设取得了明显进展，通航条件得到较大改善，长江下游南京以下航道水深已达到10.5m，可满足大型船舶的通航要求，长江上游库区航道条件也有较大的提高，长江航运在流域经济社会发展中发挥了越来越重要的作用。长江中游航道作为长江干线航道的重要组成部分，虽然近年来对部分重点滩险进行了一系列的整治，但由于滩险众多、河床演变复杂、通航能力差，在很大程度上仍受自然条件的影响，尤其是遇中、小水年的枯水期，航道维护相当困难，长江中游已成为影响长江航运整体畅通的瓶颈。

三峡水库蓄水运用后，由于清水下泄，坝下游河道发生长距离、长时段的沿程冲刷与河势调整，已经或即将给长江中游航道带来极为复杂的影响和新的问题。根据长江水文局实测的坝下干流河段宜昌、沙市、监利、螺山、汉口、九江、湖口、大通等站的水沙资料以及宜昌至湖口的长河段地形测图，同时结合航道原型观测中重点浅滩段的大量实测地形和水沙资料，对坝下游水沙变化情况的分析显示：蓄水后宜昌径流量变化不大，枯期流量略有增大，但出库沙量大幅减少，由此导致监利以上河段悬沙级配明显粗化，且水位下降。这种长期"清水"冲刷所带来的河道冲淤、河势调整和洲滩变化必将引起中游航道条件发生改变，同时也对航道整治技术提出了更高的要求。因此在新的河道水沙条件下，需要开展长江中游航道系统治理成套技术研究，充分发挥三峡工程的航运效益，确保长江中游航道畅通，为实现"中部崛起"提供航道保障，为长江中游航道系统整治工程的顺利实施提供强有力的技术支撑。

1.2 国内外研究现状

1.2.1 河道演变规律研究

河道演变是指河流在自然条件下，受两岸的土质与植被影响，或在受人工建筑物的影响时，所发生的变化。河道演变问题是受河道发育历史、河流地貌和地质特征的影响，由于携带泥沙水流与可冲积河床不断的相互作用的结果。在任何一个河段，或任何一个局部地区内，水流受坡降、河床宽窄、河岩地质条件、植被等因素影响都具有不同的流速，具有冲刷河床和挟沙能力，从而使河道发生变化。河道演变就其演变形式而言，可分为两类：一类是纵向演变，表现为河床纵向上升或下降，即淤积或下切；另一类是横向演变，表现为河床水平左右摆动。这两种演变十分错综复杂地交织在一起，有时同时发生，有时单独发生。

事实表明,河道总是处于不断变化的过程中,受多种因素影响,每种因素的影响存在着随机性,且近期演变直接影响其未来的发展趋势,演变是非常复杂的。而河道的不断演变势必对航道产生巨大的影响,如河湾的发展、汊道的兴衰、浅滩的移动直接影响着航道的走向、水深、宽度等,改变航道基本的物理参数,影响船舶在航道中的航行条件。尽管河道演变存在着多因素性、动态性、连续性和复杂性,但也存在着一定的规律性。研究者发现,尽管在同一条河流上,不同河段河床形态和演变规律各有不同,但在不同河流上某些河段的河床形态和演变规律却很相似。目前,普遍的做法是把天然河流划分成若干类型,分别研究各类河型的演变规律。

航道整治工程必须以河道演变的规律为基本前提和指导。因此,正确认识和掌握河道演变规律,尤其是浅滩的演变及其演变分析方法,加深对河流系统的认识,是进行航道整治工程的基础,对进行航道整治非常重要。

新旧水沙条件下长江中游河段演变规律如下:

三峡工程蓄水以前,近代国内大批的学者和科研机构,对此流域进行过大量的实地调研、考察和研究,尤其是重点险段(如监利段、荆江段等),河段演变研究成果丰富,为近年来长江中游航道的大规模整治提供了重要的依据。

根据张修桂的研究,从先秦至1840年,长江中下游河道演变的总趋势是:分流淤塞,河道缩窄,曲率增大。在分流畅通、江面开阔、河道顺直的历史早期,史书明确记载长江的洪水过程极不显著;而在分流淤塞、江面缩窄、弯道发展的古代史后期,长江的洪水过程日益加剧,中游荆江水位,在近5000年内,则因此大幅度上升,其升幅竟达13.6m。长江中下游河道,在历史演变过程中,形成两种迥然不同的河型,即蜿蜒型河道与分汊型河道。因水动力条件及边界条件的明显差异,近代这两种类型河道的演变过程与特点,也是各不相同。潘庆燊通过对长江中下游河道近50年变迁研究,得出河道演变具有如下特点:河道总体河势基本稳定,局部河势变化较大;河道总体冲淤相对平衡,部分河段冲淤幅度较大;荆江和洞庭湖关系调整幅度加大;人为因素未改变河道演变基本规律;坐崩是长江中下游岸线崩退和护岸工程崩毁的主要形式;人为因素对长江口河道演变的影响增加。陈泽方等通过分析计算:1986~2002年,武汉河段冲淤基本平衡,冲刷部位主要集中在武汉关至天兴洲洲头,淤积部位主要集中在天兴洲左汊以及天兴洲右汊内洲体右侧部分和武钢工业港等区域。2003年,王维国等人对荆江河段的水沙系列进行分析得出:上游来水量无趋势性增大或减少,来沙量自20世纪90年代以来明显减少。入洞庭湖三口分流分沙呈减少趋势,尤其以藕池口衰减最为突出。1998年大水造床作用明显,上荆江滩槽皆冲,以冲滩为主;下荆江表现为冲槽淤滩,总体呈淤积状态。重点河湾,如沙市、石首河段,自1998年大水以来的最新演变情况主要特点表现为沙洲移动,主流线摆动,顶冲点普遍下移,崩岸时有发生。

三峡工程建成蓄水后,改变了坝下游河道的来水来沙条件,长江中下游河段将经历较长时期的冲刷—平衡—回淤过程。根据刘小斌等人研究分析,由于至2009年,长江中游河段控制河势的护岸工程已基本实施,河道边界条件稳定,因此三峡工程建成蓄水后长江中游各河段的河床形态和河床演变规律总体上不会有重大改变,即仍保持原有河型不变,但各河段的河势将有不同程度的调整,有的河段调整还可能很剧烈。

1.2.2　水库下游河段冲淤研究

河流中大量建设的水利枢纽工程,对河流尤其是下游来水来沙将产生重大的影响。随着水库下游冲刷演变现象的普遍出现,国内外学者逐渐开始对此展开调查研究。国内外多个水库下游的河床调整现象证实,冲刷过程中河床组成的不均匀及局部特殊形态对河床下切、水位下降历程有着重要影响。埃及尼罗河阿斯旺大坝修建后,坝下实际下切深度与水位下降比预报值小得多,有关研究认为这与河床下伏不连续的卵石层以及沿程多个低堰的控制作用有关。Knodolf 讨论了水库拦沙和人工采沙引起的河床下切、河型转化;Niocal Surina 调查了意大利河流上普遍出现的河床下切和缩窄现象;Shields 讨论了水库下游的河道横向摆动机理,并利用航片定量分析了美国 Misosuri 河下游建坝前后的河道摆动情况。

国内先后在官厅水库、三门峡水库和丹江口水库开展了较大规模的观测研究工作。对工程影响下的演变过程获取了大量的实测资料。对水库下游再造床过程的问题,地学界和水利学界分别从观测资料分析、试验模拟等多个方面开展了研究,探讨了库下游河道冲淤变化、断面形态调整、河床地貌再造等方面的变化规律。

(1)河床变化

在河道上修建水利枢纽以后,枢纽下游河床冲刷现象主要表现在:河床自上而下普遍冲刷,含沙量显著降低,河床显著粗化,纵比降调整等。同样的水沙条件变化,对于不同的河床边界可能造成不同的响应,而且这种响应由于冲刷历时的长短也可能动态变化。关于这种动态性,一般的研究认为水库下游河床与水沙条件两者之间的不适应性在建库初期达到最大,因此,河床变形也以初期最为显著,并因时递减。冲刷过程中,随着河床及岸滩抗冲特性的变化,形态调整也产生变化。根据 Williimas 等对美国河流的统计,截流后初期河床下切冲刷幅度最大,之后随着河床粗化和比降调平,冲刷幅度逐渐减缓。许炯心以同流量的清水冲刷原始河床来模拟建库后的河床冲刷,发现初期以下切为主,之后出现以侧蚀为主的阶段,宽深比先减后增。对于纵剖面比降的变化,一般资料均显示是初期以近坝段河床迅速调平为特征,之后逐渐向下游缓慢发展。水库下游的调整在趋向平衡的过程中,还会因为水文条件的变化出现间歇性的变缓和加速现象,完全达到平衡状态甚至需要上百年时间。从减小挟沙能力和流量调平两种作用来看,韩其为认为,在建库初期以减小水流能量而引起的河床变形为主,而随着时间延续,断面形态逐渐向适应调节后的流量过程发展。

河床沿程冲刷的深度受到泥沙补给条件、河床抗冲性变化等因素的影响。随着河床冲刷的进行,下伏卵石层可能会逐步暴露,或者床沙粗化形成保护层,从而对河床调整过程产生深远的影响。埃及尼罗河上阿斯旺水坝修建以后,大坝下游河段实际上观察到的下切深度仅为 0.7m,比不同的研究者所预测的数值(2.0~8.5m)都要小得多,Schumm 等认为这与河床以下埋藏着不连续的卵石层有关。许炯心运用地貌学方法对汉江丹江口水库下游河床调整过程中下伏卵石层的作用进行了系统的分析,下伏卵石层使河床下切受到抑制,随着卵石层的暴露,河床糙率将急剧增大,局部河床可能采取加大比降的方式进行补偿。

关于水库下游冲刷发展的预测,目前以数学模型和物理模型为主。由于不仅能够提供河床变化的最终幅度,而且能够详细描述出冲淤在空间上的分配以及时间上的发展过程,数学模型在大坝下游河床变形预测中得到了大量应用。毛继新、韩其为根据泥沙起动及河床粗化理论公式,建立了水库下游河床粗化数学模型,以研究水库下游河道极限冲刷深度及粗化层级配,该模型计算简捷方便,对研究水库下游局部河段冲刷,具有重要意义。在实际应用方面,张耀新等通过建立一维非恒定悬沙数学模型,对赣江万安水电站下游河床冲刷的发展趋势及其对航道的影响进行了预报计算和分析。李义天、高凯春应用一、二维嵌套水流泥沙数学模型对三峡建库后宜昌至沙市河段河床冲刷及其对卵石浅滩的影响进行了数值模拟研究。三峡水库下游的砂卵石河段历经下荆江裁弯引起的溯源冲刷、葛洲坝建设引起的沿程冲刷以及三峡水库蓄水后的清水冲刷,前人针对不同时期河段内局部水位下降与河床冲淤曾展开了大量研究。施少华等人研究认为,宜昌—枝城段河道与河床比较稳定,岸线顺直,但葛洲坝和三峡水利枢纽建成后对河床的冲刷作用较大;荆江段是长江著名的河曲段,其冲淤变化较大;城陵矶—湖口段由节点和分汊河床组成,一般来说节点较为稳定,而分汊河床不太稳定。

(2)水位变化

河道冲刷不论是河床的下切,还是河岸的展宽,都扩大了河道的过水面积,从而引起低流量下河道水位的下降。近坝段河床冲刷快,相应地,水位下降随着河床冲刷粗化达到稳定的时间也早,其冲刷引起的水位降幅也大。随着冲刷的发展,水位沿程逐渐降落,总的水位下降值表现出随冲刷距离增大而减小的特点。根据黄家港、襄阳、皇庄水文站建库后的 1980 ~ 1992 年水文资料,分别统计出了 $1500\text{m}^3/\text{s}$ 流量下各站的水位变化值,坝下游 7km 的黄家港站,自大坝截流开始遭受严重冲刷至滞洪期末(1968 年)同流量下水位降落 2.12m,之后水位不再降落;距坝 117km 的襄阳水文站,水位降落随时间推移逐渐增大,滞洪期水位降落 0.82m,蓄水以后至 1987 年又降低 1.3m;距坝 270km 的皇庄水文站,滞洪期内水位变幅相对较小,水位仅降低 0.23m,1969 ~ 1987 年水位降低 0.83m,1987 ~ 1990 年又下降了 0.28m,可见随时间的推移,水位降落速率逐渐加大。对比 1960 ~ 1968 年坝下游沿程各站水位下降值可以看出,与河道冲刷相对应,距坝最近的黄家港站水位降落最多,沿程水位下降值逐渐减少。蔡大富分析宜昌、沙市两站 2003 年年初和 2004 年年初枯水流量水位资料,在宜昌站流量 $Q \leq 4 \times 10^3 \text{m}^3/\text{s}$ 时,2004 年初宜昌和沙市站水位均比三峡蓄水前的 2003 年初水位有所降低,预计随着时间的推移,坝下游枯水水位的下降会更加明显。

1.3 长江中游航道整治研究

1.3.1 水库下游航道条件变化

贾瑞敏等总结丹江口水库河道航道条件变化认为,坝下航道条件变化的好坏取决于河床冲刷幅度与水位调整的对比,不同边界条件、不同河床组成河段其对比关系不同,水库修建后航道条件变化特点各异。

陈立等研究指出枢纽下游近坝河段是坝下游调整最早、最激烈、演变较充分的河段。边界条件较好、断面相对窄深的河段,河床以冲刷下切为主,河床刷深,航道条件相对较好。断面相对较宽的河段,无论边界条件好坏,洲滩的调整、断面的展宽都会使航道条件发生不利的变化。

中游宜昌至武汉长河段航道主要特性表现为浅滩较多,空间分布广,出浅时间长,复杂多变,多为自然状态,航道条件尚不稳定。三峡水库蓄水后,由于清水下泄,中游航道条件发生新的变化。主要表现如下:

（1）滩槽冲刷明显

三峡工程蓄水后，由于"清水下泄"，水流挟沙能力富余，加之长江中游为紧邻三峡工程的坝下河段，滩槽受冲力度最大。根据长江航道局三峡工程航道泥沙原型观测资料分析，在时间上，三峡工程蓄水以来，城陵矶以上河段基本上保持冲刷状态，城陵矶至汉口河段冲淤相间；在滩槽冲淤变化上，城陵矶以上河段为"滩槽均冲"，宜昌—枝江段石质洲滩由于抗冲能力较强、变化较小，但"坡陡流急"凸显，成为主要碍航问题，荆江河段的沙质河床虽然深槽冲刷明显，但同时洲滩受冲、洲头后退、洲体萎缩影响较为明显，主流摆动加剧。城陵矶—汉口河段为"冲槽淤滩"，加之航道整治工程的控制，航道条件有所好转。

（2）来沙量大幅减少

由于三峡工程蓄水后中游输沙量大幅减少，出库水流含沙量较低，中游河段来沙量大幅减少。一方面，减小了洪水期中游河床的淤积，汛前的滩槽格局经过洪水期后变化较小，大大缩短了汛后滩槽稳定的时间；另一方面，若是长期没有泥沙补给，中游部分河段洲滩将逐渐萎缩。由于洲滩的稳定对控制主流走势具有决定性作用，来沙量的大幅减少将造成洲滩河段的主流横向摆动空间增大，导致航槽向宽浅形方向发展，从而形成新的碍航问题。

（3）同流量水位下降

三峡工程蓄水后，中游持续"滩槽均冲"，河床进一步下切，导致中游特别是荆江水位在相同流量级下逐步降低。此外，由于三峡工程的控制，坝下游来水将直接受到三峡调度运行的影响，从而导致中游特别是荆江河段水位可以受人为控制，特别是汛后蓄水期、枯水期及汛前消落期，中游水位的变化将形成新的规律。

1.3.2 长江中游航道整治历史与现状

总结多年来长江中游整治取得的成就和现状，主要体现在整治规划和重点河段的整治：

新中国成立初期，防洪问题突出，长江水利委员会主持一些重要地段的抢险护岸工程。荆江大堤崩岸严重，危及堤防，是护岸重点。1959 年春，长江科学院开展中下游河道整治规划工作，1960 年 9 月提出《长江中下游河道整治规划要点初步报告》，提出保坍护岸、裁弯取直、整治浅滩、维护港埠航道等整治方案和工程措施。1964 年 12 月，长江流域规划办公室林一山主任与长江科学院科研人员讨论长江中下游河道整治规划问题，强调利用天然山矶，加以护岸工程，达到基本控制河势。在全河段初步规划的同时，在一些重点河段进行具体规划工作和实施整治工程。1990 年 9 月，国务院批准了包含河道整治规划内容的《长江流域综合利用规划简要报告》。长江中下游河道整治规划原则为"因势利导，全面规划，远近结合，分期实施"，整治目标是：至 20 世纪末或稍后，基本控制河势，稳定大部分重点河段岸线，增强防洪能力，改善航道条件，促进沿江城镇港口建设和工农业生产发展。在 2000 年以后，继续整治，进一步稳定河势。

在 1994 年水利部、交通部批复实施以护岸和航道整治为内容的界牌河段综合治理工程以前，长江中下游的航道没有进行过稍成规模的整治，几乎呈自然状态。随着西部大开发战略的实施和长江航运事业的发展，长江航道建设步伐逐渐加快。根据长江干流航道治理总体规划，到 2020 年，长江中游河段将有一大批浅滩水道进行重点治理。"十五"期间，长江中游一批重点水道的航道整治工程全面实施，陆续实施了长江航道清淤应急工程、沙市三八滩应急守护工程、碾子湾水道、陆溪口水道、嘉鱼—燕子窝水道、罗湖洲水道、张家洲水道南港下浅区等航道整治工程。"十一五"期间,为进一步发挥长江黄金水道作用,适应沿江地区经济发展需求,按照"延上游、畅中游、深下游"建设思路,国家对中游航道展开了大规模整治工程,长江中下游的通航条件得到改善。中游的马家咀水道、周天河段、瓦子口水道、沙市河段航道整治一期工程、长江中游枝江—江口河段航道整治一期工程、牯牛沙水道航道整治一期工程、窑监河段航道整治一期工程、戴家洲水道航道整治工程、张家洲水道南港上浅区航道整治工程已率先实施。"十二五"期间,中国将加快推进长江中游航道建设,通过实施一系列航道整治工程,将对长江中游航道进行系统整治,提高长江中游航道通过能力,消除长期困扰长江水运发展的中游"肠梗阻"现象。根据水利部《长江流域综合规划》,确定长江中下游以防洪、航运为主的河道整治规划目标和总规划,其中长江中下游干流通过疏浚整治,稳定河势,改造支汊,固定岸线,以及开凿新运河等,形成整个长江水系干支互通,逐步形成四通八达的水系航道网。目前还远远没有达到航道等级的要求,需要进一步推进新的工程,最终真正实现长江中游航运畅通。

随着长江中游航道整治目前全面展开,开展相关研究也面临着许多的问题,即面对着复杂的天然不利条件以及新的水沙条件影响:

(1)长河段的复杂性和特殊性

对长江中游河段宜昌—武汉段这么长的河道进行系统的整治,涉及的因素较多。河道为冲积性河道,以冲淤多变著称,经过多年的人工守护,护岸得到基本控制。河道变化主要表现为河岸以内主流的摆动、洲滩的冲淤与位移、汊道的兴衰交替。河道条件的变化又直接引起航道条件的变化。航道本身的条件复杂,如何把握其周期性演变规律和演变所处阶段性特性,弄清影响演变及航道变化的主要因素,了解本河段与上下游河段的演变相互关系,是研究的重点和难度。从河道的主要特性中可以看出整治河段存在的不利因素多,整治难度大。且河段正好处于三峡库区下游,存在的坝下冲刷问题未能得到很好的控制,河床处于动态的变化之中,对于河道的演变和整治原则的提出均有重要且长期的影响。

(2)很多技术问题亟待解决

面临的长江中游航道整治这一研究对象十分复杂,而对其技术和经验的累积也仅刚刚开始,尽管已经取得了一批极有价值的研究成果,但对于很多技术问题的认识可能还处在初步阶段。为此结合目前的整治技术进展,对诸如整治河段单元的划分、目标河型的选择、工程区、守护工程功能属性转化、洲头鱼骨坝的作用扩展、汊道分流面、工程的结构形式等问题进行研究,为最终解决这些问题做一些铺垫性思考。长江中游在三峡建库条件下,整治原则为:统筹兼顾、远近结合、适时控导、巩固洲滩、分步实施。具体对中游宜昌—武汉典型长河段航道进行整治,必须结合河道实际,立足河床条件和外部需求,从河道综合治理与利用的角度,考虑长远规划目标,提出具体合理的有针对性的整治原则,服务于实际工程建设。

(3)三峡蓄水后给航道带来新变化和新问题

长江中游浅滩航道在天然条件下演变剧烈、问题复杂,加之高坝大库的三峡水利枢纽已经开始运行,长期依循一定规律变化的来水过程发生重大改变,出库沙量则发生颠覆性的减小,其下游河床为适应这种水沙条件的变化将较长时期处于河床再造进程。枯水期下泄流量增加有利于增加中游航道平均水深,但受到清水下泄的影响,坝下河道将发生长距离、长时段的冲刷与水位下降,形成冲淤调整,引起河道泄流能力、槽蓄量及荆江三口分流等发生相应变化,对长江中下游河势稳定及防洪形势产生一定的影响。对中下游河段河势和航道有一定影响;同时河床冲深,导致崩岸加剧,尤其是荆江河段护岸工程的基脚必将受到掏刷,影响现有护岸工程的稳定。这种河床恢复平衡过程的不同阶段如何影响航道条件,航道整治如何应对这种随时间、空间的调整变化,将是一个世界级难题。如何充分利用三峡工程对长江中游航道影响有利于航道治理的一面,控制和消除三峡工程对长江中游航道影响不利于航道治理的一面,把握河流演变的客观规律,科学求实地开展长江中游航道的治理,是当前亟须解决的技术难题。

1.3.3 航道整治原则研究

目前在航道的整治方面有两种不同的考虑:一是从综合整治出发,即全面考虑国民经济各部门的需要,通过裁弯取直、疏浚和护岸等多种措施,稳定河势,以期满足防洪、用水、航运等要求。如一条游荡的河,不仅造成航行的困难,也对防洪、灌溉等不利,从各方面考虑,都要求稳定河势。另一方面,各部门由于需求不同,也存在一定的矛盾。因此必须统筹考虑、合理安排,在符合整体利益的基础上,采取综合治理,以达到整治航道的目的。二是只从航运需求出发,以改善航行条件为整治目的。在投资较少的情况下,仅进行航道整治设计。一般都是考虑在中枯水位下,对碍航浅段进行整治,达到通航的目的。

围绕长江中下游航道整治工程的实施,近十多年来,整治原则包括的目标河型、整治时机在我国实际工程中有大量的研究,取得了较为丰富的研究成果。

陈肃利等认为三峡蓄水后长江中下游干流河道治理应遵循"因势利导、全面规划、远近结合、分期实施"的原则。刘万利等对戴家洲河段航道整治进行研究,依据河床演变分析和航道治理总体目标,确定戴家洲河段的河段治理原则为:维持分汊、择汊直港、守控洲头、调整水流、护岸守滩,总体治理、分期实施,综合布局、统筹兼顾;得出结论:通常河段在枯水期容易碍航,枯水航道相对比较稳定,所以选择目标河型时多选枯水期良好地形的河道测图。依据该河段近 30 年来的地形观测资料和地形特征,选择左汊(即圆港)为通航主汊道的目标河型为 2006 年 2 月测图所表达的河床洲滩布局,选择右汊(即直港)为通航主汊道的目标河型为 1998 年 3 月测图所表达的河床洲滩布局,通过断面图可以观察现在的地形同目标河型存在的差距以及实现目标河型所需的工程设置。朱玉德、李旺生在长江中游沙市河段航道治理中,根据现有的研究成果,初步选择 1992 年的汛末河型作为航道整治的目标河型,这个河型的典型特征就是三八滩右汊枯水分流比较小,估计在 20% 左右。从流路的选择上,认为"南槽"(太平口心滩)"北汊"(三八滩)走势较为合理,因为它符合"微弯"原则,同时"南槽"走向和上游的动力轴线的走向是相容的、和谐的,"北汊"是"南槽"的必然。如果航道整治工程实施时的河型和目标河型相差较大,应该先实施主体工程,以营造有利的滩体态势,继而采取进一步的航道整治工程加以保护。航道治理原则的确定来源于河床演变分析和对其趋势的预测,通过分析认为:河段内的太平口心滩和三八滩都是不稳定的、多变的,它们对水流的改变作用有限,而水流改变它们相对容易,三峡水库运用后这种状况不会改变,只会加剧。基于以上认识而确定的沙市河段航道整治原则为:整治为主、疏浚为辅,中水整治和高水导流相结合,低滩促淤和固滩守护并重。李旺生建议加强长江中下游河道的原型观测,开展长河段的河床演变分析,进行长时间的跟踪研究,这对于目标河型的遴选和时机的把握将是非常重要的。

众所周知,冲积性河流上、下河段通过节点的连接它们是互动的,上游"有利"而下游未必"有利",航道整治目标河型的营造和时机的把握应该自上而下逐步进行,当河型塑造完成并稳定后航道整治问题的解决就容易得多。李旺生通过对长江中下游整治技术的研究提出:一般认为,对于冲积性河流航道整治来说,存在着"有利时机",但这个"有利时机"有时是稍纵即逝的,因为冲积性河流的洲滩变化有时很快。冲积性河流的河槽断面积的大小同呈周期性变化的来流关系密切,虽河床冲淤发展同来水存在时间差,即河床的变形滞后,但一般而言还是大洪水或特大洪水年河槽过水面积要大。同时,洲滩的切割也多发生在径流大的年份,此时多出现由弯到直的流路,很多的浅滩在这种条件下水深改善。如果单从浅滩水深而言,自然这种条件下是"有利时机"。显然,这个"有利时机"是有条件的,它的断面形态、流路和大洪水或特大洪水年这种径流条件相适应,它是一种极端的情况,至少它的浅滩段断面积大小和更多年份的来水来沙是不相协调的,河床一般是要回淤的。因此,如果将这种情况视为"有利时机"进行航道治理,要特别地加以小心。对于"有利时机"的认识、把握和选择,我们认为更应该关注的是洲滩的合理布局,而不应拘泥于浅滩的水深大小,即重视对"目标河型"的认识、把握和选择,这个"目标河型"应更能适应一般的来水来沙年份,而不仅仅是代表差的特殊年份。长江航道规划设计研究院研究出长江东流水道航道整治工程可行性研究阶段,东流水道西港发展迅速,分流比增加,枯季航道条件好转,为20世纪50年代以来航道条件较好的时期,是东流水道进行航道整治的良好时机。但在东流水道航道整治工程开始实施时,东流水道河势已开始向不利方向发展,莲花洲港口门上游左岸一侧河床发生大幅冲刷,玉带洲头低滩冲刷后退,老虎滩头部冲刷后退,中下部淤积下延,呈现莲花洲港发展、西港衰退的演变趋势,西港航道条件向不利方向发展。但工程实施与进度及时,通过三届枯季施工,工程总体效果明显,已遏制了以上不利的演变趋势,实现了工程目标。

总之,航道整治原则的把握和提出,是进行航道整治的关键技术之一,关系着工程的实施效果与经济效益,必须结合一定实际情况的考察,进行客观的分析,通过合理的手段,综合考虑各种因素,最终确定合理可行的整治原则。

第2章 三峡蓄水后水沙条件变化

2.1 径流量及输沙量变化

2.1.1 径流量变化

三峡水库蓄水前,坝下游宜昌、枝城、沙市、监利、螺山、汉口、大通站多年平均径流量分别为4368亿m³、4450亿m³、3942亿m³、3576亿m³、6460亿m³、7111亿m³、9052亿m³,三峡水库蓄水后,除监利站基本持平外,2003~2009年长江中下游各站水量偏枯5%~10%。2010年,长江上游总的来水基本维持常态,城陵矶以下水量偏多。坝下游各主要水文站径流量分别为4048亿m³、4195亿m³、3819亿m³、3679亿m³、6480亿m³、7472亿m³、10220亿m³,较蓄水前多年平均相比,宜昌、枝城、沙市站减少3%~7%,螺山站基本持平,其余各站有所增加,在3%~13%之间,大通站增加最明显。与2003~2009年平均值相比,监利以上各站略有增加,幅度为2%~3%,螺山以下增幅明显,在10%以上,大通站增幅最大,为25.8%。具体见表2-1。

三峡水库蓄水后长江中下游主要水文站径流量统计(10^8m³)　　　表2-1

主要水文站	宜昌	枝城	沙市	监利	螺山	汉口	大通
多年平均(蓄水前)	4368	4450	3942	3576	6460	7111	9052
2003~2009年	3956	4061	3741	3607	5819	6627	8122
变率A	−9.4%	−8.7%	−5.1%	0.9%	−9.9%	−6.8%	−10.3%
2010年	4048	4195	3819	3679	6480	7472	10220
变率A	−7.3%	−5.7%	−3.1%	2.9%	0.3%	5.1%	12.9%
变率B	2.3%	3.3%	2.1%	2.0%	11.4%	12.7%	25.8%

注:变化率A、B分别为与2002年前均值、2003~2009年均值的相对变化。

2.1.2 输沙量变化

三峡水库蓄水前,坝下游宜昌、枝城、沙市、监利、螺山、汉口、大通站多年平均输沙量分别为4.92亿t、5亿t、4.34亿t、3.58亿t、4.09亿t、3.98亿t、4.27亿t。三峡水库蓄水后2003~2009年,坝下游各站输沙量减幅88%~65%,且减幅沿程递减。2010年,由于三峡水库拦截了长江上游来沙的85.7%(2003~2009年为72.0%),导致坝下游输沙量继续大幅度减小。坝下游各站输沙量较蓄水前分别减小幅度为93%~57%,减幅沿程递减,与2003~2009年平均值相比,螺山站及其以上也有明显的偏小,减小的幅度为43%~21%,减幅沿程递减,螺山以下由于水量较大,输沙量恢复较为明显,汉口站较蓄水后仅偏小6.9%,而大通站则增加25.4%。具体见表2-2。

三峡水库蓄水后长江中下游主要水文站输沙量统计（10^8 t）　　　表 2-2

主要水文站	宜昌	枝城	沙市	监利	螺山	汉口	大通
多年平均（蓄水前）	4.92	5	4.34	3.58	4.09	3.98	4.27
2003～2009 年	0.572	0.698	0.807	0.938	1.054	1.193	1.475
变率 A	−88.4%	−86.0%	−81.4%	−73.8%	−74.2%	−70.0%	−65.4%
2010 年	0.328	0.379	0.480	0.602	0.837	1.110	1.850
变率 A	−93.3%	−92.4%	−88.9%	−83.2%	−79.5%	−72.1%	−56.7%
变率 B	−42.7%	−45.7%	−40.5%	−35.8%	−20.6%	−6.9%	25.4%

注：变化率 A、B 分别为与 2002 年前均值、2003～2009 年均值的相对变化。

从沿程的变化来看，蓄水以后，坝下游各水文站自上而下年输沙量逐渐增加，说明了水流挟沙的沿程恢复。在这一恢复的过程中，悬移质级配也在变化，这将在下文具体分析。

2.2　悬移质及河床质级配变化

2.2.1　悬移质级配变化

从悬移质的中值粒径变化情况来看，如表 2-3 所示，宜昌、枝城两站的中值粒径是逐渐变小的，这是三峡水库拦蓄了大部分粗颗粒泥沙的结果；沙市站和监利站中值粒径均一度增大，随后又逐渐减小，且监利站的这一过程略有滞后，反映了区间河段粗颗粒泥沙补给量先增大随后减小的过程；螺山及其以下河段目前悬移质中值粒径没有明显的变化规律。

三峡水库坝下游主要水文站中值粒径对比（mm）　　　表 2-3

主要水文站	黄陵庙	宜昌	枝城	沙市	监利	螺山	汉口	大通
蓄水前平均*	—	0.009	0.009	0.012	0.009	0.012	0.01	0.009
2003 年	0.007	0.007	0.011	0.018	0.021	0.014	0.012	0.01
2004 年	0.006	0.005	0.009	0.022	0.061	0.023	0.019	0.006
2005 年	0.005	0.005	0.007	0.013	0.025	0.01	0.011	0.008
2006 年	0.003	0.003	0.006	0.099	0.15	0.026	0.011	0.008
2007 年	0.003	0.003	0.009	0.017	0.056	0.018	0.012	0.013
2008 年	0.003	0.003	0.006	0.017	0.109	0.012	0.01	0.012
2009 年	0.003	0.003	0.005	0.012	0.007	0.007	0.007	0.013
2010 年	0.006	0.006	0.007	0.010	0.015	0.011	0.013	0.013

注：* 宜昌、监利站多年平均统计年份为 1986～2002 年；枝城站多年平均统计年份为 1992～2002 年；沙市站多年平均统计年份为 1991～2002 年；螺山、汉口、大通站多年平均统计年份为 1987～2002 年。

悬移质中粒径大于 0.125mm 的泥沙可以认为是长江中游河槽的主要组成部分，基本可以反映悬移质中床沙质的沿程变化情况（表 2-4）。该组泥沙 2009 年及其以前的输移量以监利为峰值点，在该点基本恢复至蓄水以前的水平，其上沿程增加，其下沿程减少。2010 年该组泥沙沿程输移量又有所变化，沿程各站相对于蓄水以前均大幅减少，且沿程并非单向逐渐增加，其中，螺山站的输移量就小于监利站。

三峡水库坝下游主要水文站 $D > 0.125\text{mm}$ 输沙量（万 t）　　表 2-4

主要水文站	宜昌	枝城	沙市	监利	螺山	汉口	大通
蓄水前平均*	4428	3450	4253	3437	5522	3104	3331
2003～2009 年	397	1250	2363	3353	2532	2282	999
2009 年	53	393	1493	3078	1737	1634	1110
2010 年	46	235	902	1595	1247	1765	1906

注：*宜昌、监利站多年平均统计年份为 1986～2002 年；枝城站多年平均统计年份为 1992～2002 年；沙市站多年平均统计年份为 1991～2002 年；螺山、汉口、大通站多年平均统计年份为 1987～2002 年。

2.2.2　河床质级配变化

从坝下游宜昌—湖口沿程的床沙变化情况来看，床沙中值粒径均有粗化，粗化的幅度沿程逐渐减小。具体如下：

（1）宜昌—枝城河段

宜昌—枝城河段受来沙减少影响最为直接，床沙粗化也最为明显，床沙平均中值粒径从 2003 年 11 月的 0.638mm 增大到 2009 年 10 月的 30.4mm，增幅达 48 倍，河床组成从蓄水前的沙质河床或夹砂卵石河床，逐步演变为卵石夹砂河床，其中大部分河段已经成为卵石河床。

（2）荆江河段

荆江河段床沙主要由细砂组成，其次有卵石和砾石组成的沙质、砂卵质、砂卵砾质河床。根据多年床沙取样，含卵、砾石床沙一般分布在大埠街以上河段，大埠街至郝穴河段河床中卵、砾石埋深较大，郝穴以下为纯沙质河段。

三峡水库蓄水运用后，卵石河床下延近 5km。沙质河床也逐年粗化，床沙平均中值粒径 2003 年为 0.197mm，2009 年变粗为 0.241mm，增粗幅度为 22.3%，2010 年中值粒径又略有减小，为 0.227mm。具体见表 2-5。

三峡水库蓄水运用前后荆江河段床沙中值粒径变化统计（mm）　　表 2-5

年份 河段	2000	2001	2003	2004	2005	2006	2007	2008	2009	2010
枝江河段	0.240	0.212	0.211	0.218	0.246	0.262	0.264	0.272	0.311	0.261
太平口水道	0.215	0.190	0.209	0.204	0.226	0.233	0.233	0.246	0.251	0.251
公安河段	0.206	0.202	0.220	0.204	0.223	0.225	0.231	0.214	0.237	0.245
石首河段	0.173	0.177	0.182	0.182	0.183	0.196	0.204	0.207	0.203	0.212
监利河段	0.166	0.159	0.165	0.174	0.181	0.181	0.194	0.209	0.202	0.201
荆江河段	0.200	0.188	0.197	0.196	0.212	0.219	0.225	0.230	0.241	0.227

（3）城陵矶—汉口

城陵矶—汉口河段床沙大多为现代冲积层，床沙组成以细沙为主，其次是极细沙，三峡水库蓄水运用以来，河段内床沙粗化的趋势也较为明显。2003～2009 年，城陵矶—汉口河段床沙平均中值粒径由 0.159mm 变粗为 0.183mm，增粗幅度为 15.1%，2010 年，中值粒径较 2009 年又略有减小，仅为 2005 年的水平，为 0.165mm。具体见表 2-6。

三峡蓄水前后城陵矶—汉口河段床沙中值粒径变化统计(mm) 表 2-6

年份 河段	2003	2004	2005	2006	2007	2009	2010
白螺矶河段	0.165	0.175	0.178	0.202	0.181	0.197	0.187
界牌河段	0.161	0.183	0.173	0.189	0.180	0.194	0.181
陆溪口河段	0.119	0.126	0.121	0.124	0.126	0.157	0.136
嘉鱼河段	0.171	0.183	0.177	0.173	0.182	0.165	0.146
簰洲河段	0.164	0.165	0.170	0.174	0.165	0.183	0.157
武汉河段(上)	0.174	0.177	0.173	0.182	0.183	0.199	0.185
城陵矶—汉口	0.159	0.168	0.165	0.174	0.170	0.183	0.165

2.3 河床冲淤分析

根据长江水利委员会水文局采用宜昌—湖口固定断面资料进行的有关计算成果:三峡水库蓄水运用以来,2003 年 10 月～2009 年 10 月,大埠街至武汉河段总体表现为冲刷,且以枯水河槽为主,如表 2-7 所示(枯水河槽、基本河槽、平滩河槽和洪水河槽分别是指宜昌站流量为 5000m³/s、10000m³/s、30000m³/s、50000m³/s 时对应水面线下的河槽)。

三峡水库蓄水运用后枝城—武汉河段冲淤统计表 表 2-7

起止地点	长度(km)	时　段	冲淤量(万 m³)			
			枯水河槽	基本河槽	平滩河槽	洪水河槽
枝城—藕池口 (上荆江)	171.7	2003 年 10 月～2004 年 10 月	-3900	-4600	-4982	-4577
		2004 年 10 月～2005 年 10 月	-4103	-3800	-4980	-4980
		2005 年 10 月～2006 年 10 月	895	807	676	755
		2006 年 10 月～2007 年 10 月	-4240	-4347	-3996	-4189
		2007 年 10 月～2008 年 10 月	-623	-574	-250	-121
		2008 年 10 月～2009 年 10 月	-2612	-2652	-2725	—
		2003 年 10 月～2009 年 10 月	**-14583**	**-15166**	**-16257**	**-13112**
藕池口—城陵矶 (下荆江)	175.5	2003 年 10 月～2004 年 10 月	-5100	-6100	-7997	-8212
		2004 年 10 月～2005 年 10 月	-2277	-2800	-2389	-2389
		2005 年 10 月～2006 年 10 月	-2761	-2708	-3338	-3267
		2006 年 10 月～2007 年 10 月	-659	-341	641	-51
		2007 年 10 月～2008 年 10 月	-62	-177	76	-217
		2008 年 10 月～2009 年 10 月	-4996	-5065	-5526	—
		2003 年 10 月～2009 年 10 月	**-15855**	**-17191**	**-18533**	**-14136**
枝城—城陵矶 (荆江河段)	347.2	2003 年 10 月～2004 年 10 月	-9000	-10700	-12979	-12789
		2004 年 10 月～2005 年 10 月	-6380	-6600	-7369	-7369
		2005 年 10 月～2006 年 10 月	-1867	-1901	-2662	-2512
		2006 年 10 月～2007 年 10 月	-4899	-4688	-3355	-4240

起止地点	长度(km)	时　　段	冲淤量(万 m³)			
			枯水河槽	基本河槽	平滩河槽	洪水河槽
枝城—城陵矶 (荆江河段)	347.2	2007 年 10 月～2008 年 10 月	−685	−751	−174	−338
		2008 年 10 月～2009 年 10 月	−7608	−7717	−8251	—
		2003 年 10 月～2009 年 10 月	**−30439**	**−32357**	**−34790**	**−27248**
城陵矶—汉口	251	2003 年 10 月～2004 年 10 月	1033	2033	2445	1664
		2004 年 10 月～2005 年 10 月	−4742	−4713	−4789	−5295
		2005 年 10 月～2006 年 10 月	2071	1265	1152	907
		2006 年 10 月～2007 年 10 月	−3443	−3261	−3370	−4742
		2007 年 10 月～2008 年 10 月	−104	1295	3567	—
		2008 年 10 月～2009 年 10 月	−383	−1489	−2183	—
		2003 年 10 月～2009 年 10 月	**−5568**	**−4870**	**−3178**	**−7466**

经过对河床冲淤资料的分析,可得到以下认识:

(1)从河道冲刷纵向分布来看,该研究河段从上往下冲刷强度逐渐减弱。

荆江河段三峡蓄水以来总体表现为冲刷,其中枯水河槽冲刷量约为 3.04 亿 m³(平均冲刷强度为 87.7 万 m³/km),占全河段枯水河槽冲刷量的 84.5%,其中上、下荆江冲刷量分别为 1.46 亿 m³(平均冲刷强度为 84.9 万 m³/km)和 1.59 亿 m³(平均冲刷强度为 90.3 万 m³/km)。

城陵矶—汉口河段主要表现为"冲槽淤滩",枯水河槽冲刷量约 0.56 亿 m³(平均冲刷强度为 22.2 万 m³/km),占全河段枯水河槽冲刷量的 15.5%。

(2)从河道冲刷沿时分布来看,各河段冲刷过程不尽相同。

上荆江河段:冲刷集中在 2003 年 10 月～2007 年 10 月,2007 年 10 月～2008 年 10 月,在该段出现了"冲槽淤滩"的现象,2008 年 10 月～2009 年 10 月,该段冲刷较为严重,但 90% 以上的冲刷发生在枯水河槽。

下荆江河段:冲刷集中在 2003 年 10 月～2004 年 10 月和 2008 年 10 月～2009 年 10 月,占该河段枯水河槽 2003 年 10 月～2009 年 10 月总冲刷量的 63.7%;2004 年 10 月～2006 年 10 月冲刷量次之,占冲刷总量的 31.8%;2006 年 10 月～2008 年 10 月冲刷量最小。

城陵矶—汉口河段:蓄水以来冲淤交替,2003～2004 年和 2005～2006 年表现为淤积,2004～2005 年和 2006～2007 年表现为冲刷,2007～2008 年枯水河槽小幅冲刷,平滩以下河槽淤积,2008 年 10 月～2009 年 10 月,枯水河槽发生少许冲刷,基本河槽和平滩河槽冲刷幅度较大。

(3)从深泓纵剖面变化来看,深泓普遍冲深,只有江湖汇流段深泓有所淤积(图 2-1、图 2-2)。

荆江河段:上荆江公安以上,深泓普遍冲深,特别是沙市—文村夹段冲刷幅度最大,最大冲深 7.5m(荆 56);下荆江深泓冲淤相间,以冲刷为主,石首弯道进口附近最大冲深 14.5m(荆 92),调关以下冲刷明显,但江湖汇流段深泓有所淤积,如城陵矶附近淤积 6.1m(荆 183)。

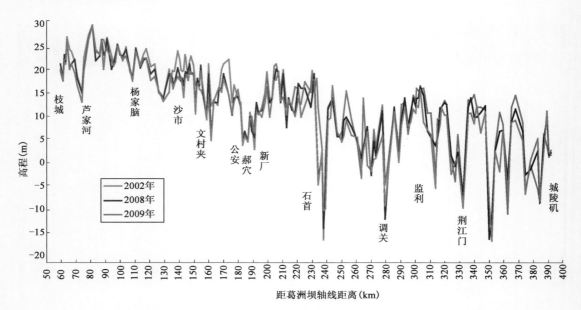

图 2-1 三峡水库蓄水运用以来荆江河段深泓纵剖面冲淤变化

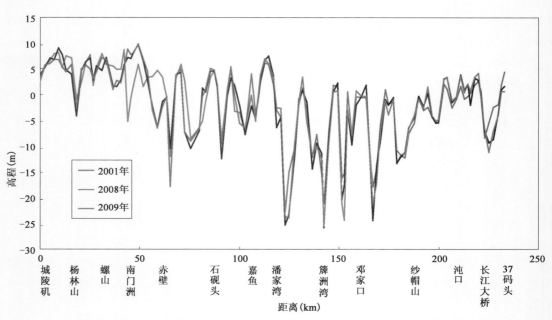

图 2-2 三峡水库蓄水运用以来城陵矶—汉口河段深泓纵剖面冲淤变化

城陵矶—汉口河段:2001 年 10 月～2009 年 10 月城陵矶—汉口河段深泓纵剖面以冲刷下切为主,陆溪口河段深泓最大冲深为 11.1m(陆溪口附近),簰洲湾河段深泓最大冲深为 8.2m(潘家湾附近),武汉河段深泓最大冲深为 6.3m(武汉附近);其余河段冲淤幅度相对较小。

第3章 长江中游典型长河段河床演变及航道条件变化分析

3.1 长河段划分原则

由于河流具有整体性,当外部条件发生巨大改变时,河流将整体性地做出反应。反应的强弱和时间的快慢与外部条件改变的程度和改变地区的远近有关,但终归做出反应是必然的,这也是所谓的"牵一发而动全身"。从这个意义上来说,局部的河床演变,航道的变化,从长期来看将会影响上下游更远的区域,是相互联系的。但是在不太长的时间内,局部河段或航道的变化,影响的范围还是有限的,不同的河型、不同类别的浅滩,其影响的范围和趋势都不相同。对长河段进行总体分析,相对单滩研究,能够系统地研究上下游河道演变之间的相互影响,指导工程设计的优化,但又不能无限制延长,因此有必要根据一定的原则,将河段划分为具有共同特性且内部演变具有较强关联性的多个水道组成的长河段来进行研究。

3.1.1 按河段特性划分

按河床组成及河道总体演变特性,长江自上而下依次可分为山区河段(宜昌以上河段)、砂卵石过渡段(宜昌—大埠街)、沙质河床段(大埠街以下)。其中宜昌—大埠街是由山区河流向平原河流转变的过渡段,两岸有低山丘陵和阶地控制,河床局部有基岩出露,抗冲能力较强,河床稳定性较高,河势基本稳定;大埠街以下河段为沙质河床,河道内边滩、江心洲发育,平面可动性较大,河床剧烈。因此,根据河段特性的差异,可将大埠街作为长河段划分的分界点之一。

3.1.2 按河道平面形态划分

宜昌至枝城河段,该河段为顺直微弯河型(图3-1),两岸有低山丘陵和阶地控制,河床局部有基岩出露,抗冲能力较强,河床稳定性较高,河势基本稳定。

上荆江为微弯分汊型河段(图3-2),由江口、沙市、郝穴、洋溪、涴市、公安6个弯道以及弯道间的顺直过渡段组成。河湾多处有江心洲,自上而下有关洲、董市洲、水陆洲、柳条洲、火箭洲、马羊洲、三八滩、金城洲、突起洲等江心洲滩,汊道均为双分

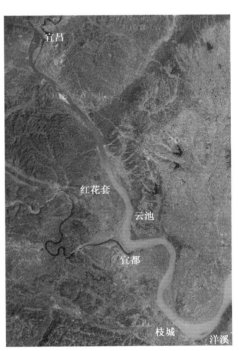

图3-1 宜昌至枝城河段河道平面图

汉河道,弯道之间由长短不一的顺直过渡段衔接。由于两岸有荆江大堤控制,整个河段平面形态相对稳定,但局部河段深泓摆动、洲滩消长较为频繁,尤以两弯道之间的长顺直过渡段和弯道的分汊段最为典型。

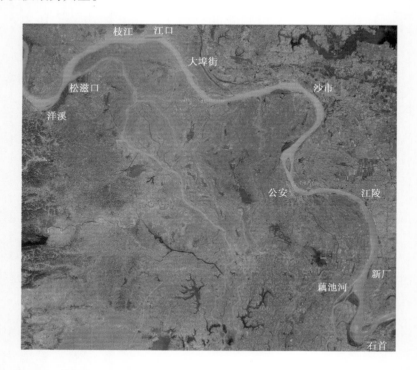

图3-2　上荆江河道平面图

下荆江自然条件下蜿蜒曲折,为典型的蜿蜒河道(图3-3)。20世纪60年代末至70年代初,下荆江经历了多次裁弯,裁弯后,因下荆江不断实施河势控制工程与护岸工程,河道摆动幅度明显减小,岸线稳定性也得到了明显增强。目前下荆江已成为限制性弯曲河道,由石首、沙滩子、调关、中洲子、监利、上车湾、荆江门、熊家洲、七弓岭、观音洲共10个弯曲段组成。这些弯道中除石首河段有藕池口心滩、监利河段有乌龟洲为汊道段外,其余均为单一河道;在下荆江的河湾附近凸岸存在着发育的边滩,如石首河湾的向家滩、石首以下的碾子湾边滩、沙滩子河湾的三合垸边滩、调关河湾的季家咀边滩、中洲子河湾的莱家铺边滩、监利河湾的新河口边滩、上车湾附近的大马洲边滩、荆江门河湾的反咀边滩、七弓岭河湾的八仙洲边滩、观音洲河湾的七姓洲边滩等。

城陵矶至武汉河段江面较宽,航道较荆江段稳定,因两岸土质有所不同,易形成顺直放宽段乃至分汊(包括鹅头形汊道)河道(图3-4)。放宽段河道内洲滩发育,天然情况下表现为局部河段的深泓摆动,洲滩的冲淤,主支汊交替消长,常出现碍航问题。

3.1.3　按控制节点划分

在河床演变过程中,往往存在具有某种固定边界(如矶头)或平面形态较为稳定的窄深河段,其存在对河道变化起控制作用,相邻的两个河段由于中间节点的调节作用,使得上游河段的演变不可能立即对下游河段产生影响,从而决定了节点(或节点河段)上下游长河段之间的演变具有相对的独立性。考察长江中游各水道的稳定性,认为大埠街—宛市水道、马家寨—郝穴水道、塔市驿水道等河道形态较为窄深,且长期保持稳定,可作为长河段划分的分界点。同时,由于洞庭湖、汉江入汇,汇流口的城陵矶和汉口段也具有节点特性。

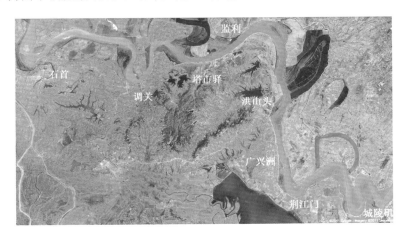

图 3-3　下荆江河道平面图

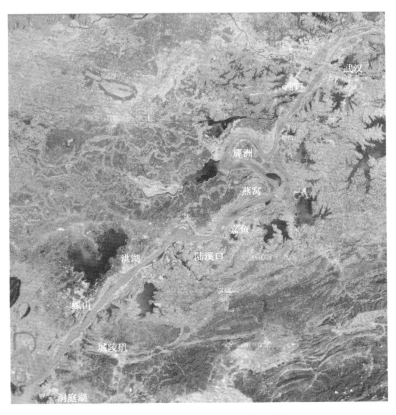

图 3-4　城陵矶至武汉河段河道平面图

3.1.4 受水沙条件影响强弱

新水沙条件的产生,主要是由于三峡及以上水利枢纽等工程作用的结果,宜昌以下新水沙条件发生后,河道沿程调节,河道冲刷自上而下发展,其剧烈程度沿程减弱,近年来观测资料表明,上荆江河段冲刷较为剧烈,尤以沙市河段变化最为剧烈;下荆江受到冲刷,洲滩航槽不稳定;城陵矶以下河段则呈现冲淤交替,总体表现为冲刷。

根据以上分析,以新水沙条件下的冲刷发展特点为主要标准,同时结合考虑河段组成特性及平面形态特点,将长江中游航道依次划分为:宜昌—大埠街、上荆江(大埠街以下)、下荆江、城汉河段作为典型长河段分别进行系统研究。其中宜昌—大埠街河段为山区河流与平原河流的过渡段,河床组成为砂卵石,承受"清水"冲刷;大埠街以下上荆江段从平面形态看属于典型的微弯分汊河段,距三峡大坝较近,水库下泄的水流各不同粒径泥沙颗粒的含量均远低于建库前水平,将从河床得到补给,上荆江河段冲刷剧烈;下荆江从平面形态看属于典型的弯曲段,距坝较远,出库"清水"经过上荆江河段的沿程补给调整,进入下荆江河段的床沙质输移量已达到相当水平,下荆江冲刷相对强度较弱;城汉河段承接荆江和洞庭湖来水来沙,受三峡蓄水影响暂时还较弱,总体表现为冲刷。

下文将重点研究宜昌—大埠街、上荆江(大埠街以下)、下荆江三个受到三峡蓄水影响显著的河段,分析这些河段在新水沙条件下的河床演变特点、航道条件变化特点及相邻河段演变的关联性等。

3.2 宜昌—大埠街砂卵石河段

宜昌—大埠街河段为山区河流向平原河流之间的过渡段,河床组成、河道形态不同于一般山区河流与平原河流。三峡水库蓄水运行下泄"清水",导致下游河道发生长历时的冲刷,该河段冲刷首当其冲,河床显著粗化、水位下降、洲滩平面变化等演变对该河段内航道条件产生了多方面的影响。

3.2.1 新水沙条件下河段演变特点

(1)坝下河床冲刷导致宜昌水位下降

三峡水库蓄水以来一直到 2011 年枯水期,宜昌各级流量下水位变化如表 3-1 所示。水位变化特点如下:

①随着三峡水库坝前水位的逐渐抬高,其枯水期流量补偿的能力也逐渐加强,坝下游最小枯水流量也逐渐加大,2006 年以后,已无法观测到 4000m³/s 的流量,因此该流量级的水位变化只统计到 2006 年,这期间,该级流量的水位变化较小。

②在 2010 年以前,5000m³/s 流量下对应的水位变化较小,累积下降仅 4cm。但是 2010年该级流量的水位突然下降 25cm 左右。2011 年,该级流量的水位又维持稳定。

③6000m³/s 及以上流量级的水位下降要相对明显,流量越大,水位下降越大,而且水位下降在蓄水初期即有所显现。直到 2011 年,6000m³/s、7000m³/s、8000m³/s 三级流量对应的水位累积下降幅度分别是 30cm、38cm、48cm。与上一年度相比,这几级流量的水位没有明显变化。

宜昌站不同时期汛后枯水水位流量关系(黄海85,m)　　　　表3-1

年份	$Q = 4000 \text{m}^3/\text{s}$		$Q = 5000 \text{m}^3/\text{s}$		$Q = 6000 \text{m}^3/\text{s}$		$Q = 7000 \text{m}^3/\text{s}$		$Q = 8000 \text{m}^3/\text{s}$	
	水位 (m)	累积下降值 (m)	水位 (m)	累积下降值 (m)	水位 (m)	累积下降值 (m)	水位 (m)	累积下降值 (m)	水位 (m)	累积下降值 (m)
2003	36.64	0	37.29	0	37.87	0	38.48	0	39.10	0
2004	36.68	0.04	37.27	−0.02	37.86	−0.01	38.45	−0.03	39.04	−0.06
2005	36.59	−0.05	37.24	−0.05	37.86	−0.01	38.40	−0.08	38.87	−0.23
2006	36.61	−0.03	37.21	−0.08	37.78	−0.09	38.36	−0.12	38.95	−0.15
2007	—	—	37.21	−0.08	37.67	−0.2	38.18	−0.3	38.66	−0.44
2008	—	—	37.22	−0.07	37.73	−0.14	38.26	−0.22	38.74	−0.36
2009	—	—	37.25	−0.04	37.73	−0.14	38.23	−0.17	38.73	−0.37
2010			37.00	−0.29	37.59	−0.28	38.09	−0.39	38.62	−0.48
2011			37.01	−0.28	37.57	−0.3	38.10	−0.38	38.62	−0.48

注:年份表示对应该年枯水期(上年度11月至本年度4月)。

(2)深泓变化

图3-5为根据长江航道局实测地形数据绘制的宜昌、宜都、关洲、芦家河、枝江—江口各河段蓄水后历年来的深泓高程变化,从图中可以看出,冲刷主要发生在深泓较低的部位,深泓高突的部位由于河床组成主要为砂卵石控制或基岩出露,冲刷幅度较小。宜昌河段的冲刷主要集中在宝塔河—虎牙滩段,深泓下切明显,2002~2007年平均下切1.5m,最大下降7m,但26m以上高凸部位高程变幅在0.3m之内;宜都河段2003~2008年深泓平均下切3.1m,白洋附近下切幅度达10m,但深泓高凸的宜都弯道南洋碛附近冲刷幅度较小,深泓降幅在1m以内;芦家河毛家花厂—姚港、枝江李家渡—肖家堤拐等高凸位置床硬难冲,年际之间十分稳定。需要指出的是,枝江以下的江口河段,河床组成虽然也为卵石夹沙,但抗冲性较弱,相比于枝江以上冲刷幅度较大。

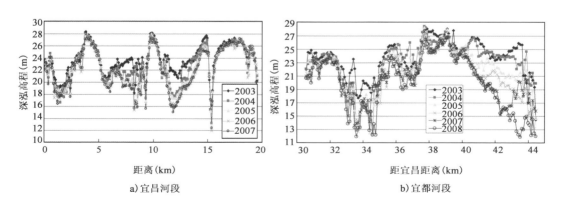

a)宜昌河段　　　　　　　　　　　　b)宜都河段

图　3-5

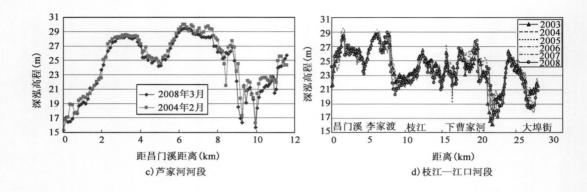

c)芦家河河段 　　　　　　　　　　　　　　　d)枝江—江口河段

图3-5　宜昌—大埠街河段蓄水后深泓冲淤变化

（3）主支汊发展

三峡水库蓄水以来观测资料表明,坝下砂卵石河段主支汊均呈冲刷发展之势,但在主支汊同步冲刷发展的同时,其相对程度受到不同因素的影响,主要有以下几个方面:

①主支汊的发展变化受到汊道内局部高凸节点的控制。

宜都河段内2004年2月～2008年3月时段内,沙泓高程平均冲刷下降了1.51m,石泓平均高程下降1.57m,相对而言,石泓冲刷下切更明显,但由于石泓中段硬床的控制作用（图3-6）,石泓分流比反而略有减小（表3-2）,2003～2006年,沙泓分流比有所增加,从76.4%增加到80.8%;2006年以来,流量在4000m³/s左右时,沙石泓分流比较为稳定,保持在80%左右。

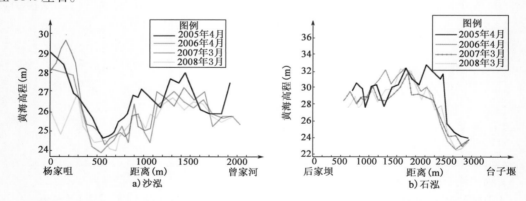

a)沙泓 　　　　　　　　　　　　　　　b)石泓

图3-6　宜都河段沙、石泓深泓变化

宜都水道沙泓、石泓分流比变化统计　　　　　　　表3-2

测量时间	2003年3月21日	2006年2月11日	2007年3月17日	2008年2月11日
流量（m³/s）	3814	4005	4636	4005
沙泓分流比（%）	76.4	80.8	77.7	80.8
石泓分流比（%）	23.6	19.2	22.3	19.2

②主支汊发展受到汊道内冲淤相对幅度影响。

芦家河沙、石泓分流比发生调整,沙泓分流比有所减少。实测资料显示,沙泓枯水期为主航槽,多年来枯水期两泓分流比十分稳定,三峡水库蓄水后,随着沙、石泓的冲淤变化,沙、石泓分流比发生调整,沙泓分流比先减少后又有所增大,至 2008 年 3 月,沙泓分流比已达 59.8%(表 3-3)。多年来随着沙、石泓的冲淤变化,深泓高程随之发生相应的变化(表 3-4)。从表中可以看出,2005~2006 年,沙泓大幅淤积,高程增加明显,而石泓高程略有降低。2006~2007 年,沙泓、石泓均呈淤积之势,但石泓淤积幅度大于沙泓。2007~2008 年,沙泓深泓高程有些降低,而石泓高程有所增高。2008~2009 年,沙泓、石泓均呈冲刷态势,沙泓平均高程降低 0.15m,石泓深泓高程降低 0.09m。沙泓、石泓的深泓高差在 2005 年初为 2.13m,到 2009 年 2 月,沙、石泓深泓高差减小为 1.88m。结合沙石泓分流比及深泓高程变化看,由于沙石泓冲淤幅度各异,导致沙石泓高程差减小,有利于石泓分流比增大。

芦家河水道蓄水前后沙泓分流分沙比变化　　　　表 3-3

测量时间	2003 年 3 月	2004 年 2 月	2005 年 3 月	2006 年 3 月	2007 年 3 月	2008 年 3 月
流量(m³/s)	4120	4375	4920	8301	5252	4520
沙泓分流比(%)	71.9	65.1	53	51	61	59.8
沙泓分沙比(%)	91.7	69.7		44.0	56.8	

蓄水前后芦家河沙、石泓深泓平均高程(m)　　　　表 3-4

时　　段	沙　　泓			石　　泓		
2005 年 2 月	平均高程	变化值	累积变化值	平均高程	变化值	累积变化值
2006 年 3 月	26.84			28.97		
2007 年 3 月	27.48	+0.64	+0.64	28.93	−0.04	−0.04
2008 年 3 月	27.50	+0.02	+0.66	29.12	+0.19	+0.15
2009 年 2 月	27.37	−0.13	+0.53	29.20	+0.08	+0.23
2005 年 2 月	27.23	−0.15	+0.38	29.11	−0.09	+0.14

　　三峡建库后坝下砂卵石河段并未发生主支汊易位和类似丹江口下游支汊淤积消亡的现象与趋势,其主要原因可以从以下几个方面说明:一是该河段内分汊段处的江心洲,即关洲、董市水陆洲、江口柳条洲的洲头由砾卵石组成,抗冲能力较强,洲头稳定,为维持汊道稳定提供了前提条件;二是三峡建库后下泄水流含沙量减少,加之该河段支汊河床组成主要为中细砂,具备可冲刷条件,因而支汊淤积消亡可能性较小;三是该河段汊道岸线稳定,河床的横向变形受到限制,汊道通过侧蚀发展而发生主支汊转换的可能性不大;四是本河段汊道上游的水流动力轴线历年来都较稳定,加之该河段内支汊的进口入流条件均不及主汊,支汊要发展成为主汊的可能性相对较小;五是从汊道的历史演变来看,汊道发生主支汊转换与历史上的特大洪水的冲刷有很大关系,而三峡建库后,枝城流量大于 56700m³/s 的大洪水将被水库拦蓄,不可能让历史特大洪水重现,因而支汊遭受历史特大洪水冲刷而发展成为主汊的可能性相对减小。

　　(4)洲滩冲淤

　　宜昌—大埠街河段两岸以丘陵阶地为主,岸坡基本稳定,但由于受到水库下泄不饱和水流的作用,除深泓冲刷发展外,洲滩也呈现冲蚀现象,主要表现如下:

　　①边滩退蚀。如宜都河段右岸的三马溪边滩、左岸的中沙咀边滩、沙坝湾边滩均有所蚀

退(图3-7);芦家河石泓进口及出口羊家老边滩的冲刷(图3-8),枝江水道张家桃园边滩(图3-9)、江口水道吴家渡边滩(图3-10)均有面积缩小、高程下降的迹象。

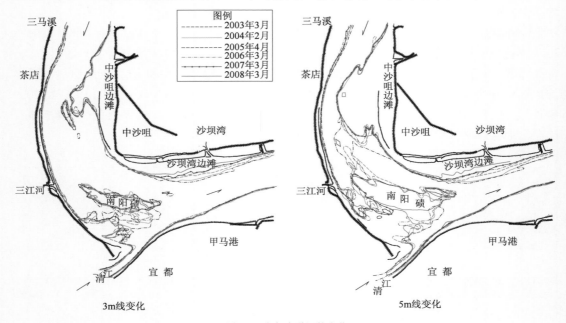

图3-7　宜都水道河势变化

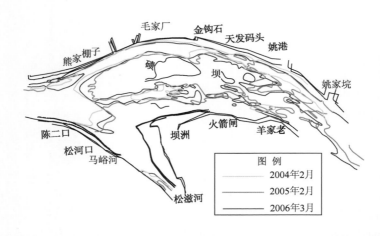

图3-8　芦家河水道河势变化

②心滩滩头冲刷,洲尾上提,面积减小。如胭脂坝坝头和坝尾,坝尾冲刷萎缩明显;南阳碛洲头冲刷后退,洲尾上提,洲体左右缘冲刷(图3-7);芦家河碛坝洲长有较大幅度减小,洲宽往复变化,洲体长度有大幅度减小,洲体面积也有较大幅度减小。

③部分洲体洲头低滩冲刷严重,滩面串沟发展。水陆洲高滩部分基本保持稳定,低滩部分近年来呈急剧萎缩趋势,并且洲头与洲体之间呈分离趋势,窜沟发展明显(图3-9);柳条洲低滩部分萎缩严重,洲头面积减小,高程降低(图3-10)。

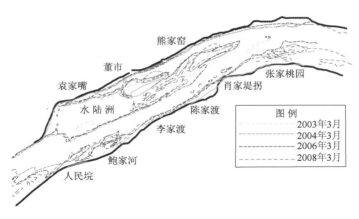

图 3-9　枝江水道蓄水以来河势变化图

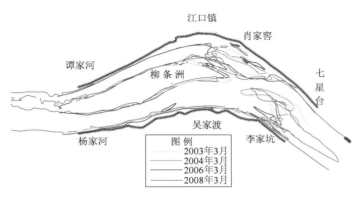

图 3-10　江口水道蓄水以来河势变化图

3.2.2　新水沙条件下航道条件变化特点

三峡水库蓄水运用后,由于水沙条件和边界条件发生了重大变化,使坝下游河道的水流条件、冲淤特性及演变规律发生变化,这些变化对航道条件有很大的影响。对于葛洲坝下游宜昌—大埠街的砂卵石河段而言,由于该河段河床组成、河道形态的特殊性,在三峡蓄水初期阶段,其航道变化主要呈现以下特点:

(1)部分淤沙浅滩航道条件有所改善

三峡水库蓄水前,砂卵石河段内的碍航问题主要是由于分汊放宽段汛期淤积大量泥沙,汛后冲刷不及而造成出浅。例如宜都、芦家河水道汛期主流均位于右汊石泓,左汊沙泓处于淤积区,当汛后主流逐渐退回左汊时,沙泓发生冲刷,若汛期淤沙过多或汛后退水过快,则航槽水深不足。水库蓄水后,沙量急剧减少,导致汛期淤积沙量有限,河床高程年内变幅减小,泥沙淤积所导致的水深不足问题逐渐消失。以芦家河水道为例,水库蓄水前沙泓进口段年内冲淤幅度平均达 10m,最大冲淤幅度达 14m,三峡水库蓄水后沙泓进口泥沙淤积量大幅度减少(135m 蓄水期淤幅也仅 4～5m),航道一直位于沙泓。

(2)局部河段向宽浅方向发展,航道水深减小

从砂卵石河段内淤沙碍航浅滩变化情况来看,蓄水后水深条件总体得到好转,但局部河

段洲体及边滩受冲刷,导致这部分河段向宽浅方向发展,航道条件恶化。如江口水道碍航部位于吴家渡至七星台过渡段,在新的水沙条件下,河流从坝下区间河段获得粗沙补给后,由于柳条洲洲尾冲刷崩退造成主流摆动,流态散乱,加上在吴家渡边滩处受中夹出流顶托,致使吴家渡边滩淤展,挤压航槽造成过渡段航宽严重不足而出浅碍航。

(3)局部河段"坡陡流急"现象仍然突出

由于河床抗冲性较强,芦家河河段局部深泓突起的地貌并未随着三峡蓄水后水沙条件的变化而发生改变;同时,沿程河床抗冲性差异将导致局部河段"坡陡流急"现象加剧,范围延长。目前,芦家河河段"坡陡流急"现象较为显著,枯期局部比降达到8‰,最大流速接近3m/s,给船舶上行带来了极大的困难。三峡蓄水以来,芦家河河段"坡陡流急"现象还未发生明显恶化(表3-5),但芦家河以下河段内水位下降幅度的沿程逐步增大,而芦家河进口的陈二口水位保持稳定,一旦芦家河出口昌门溪水位下降,芦家河河段局部将比降将增大或陡比降区间增长。枝江—江口河段内局部比降已有增大的趋势。

芦家河局部河段最大比降、流速统计表　　　　　　　　　表3-5

| 时　　间 | 宜昌流量（m³/s） | 天发码头 | | 毛家花屋 | | 姚港 | | 表面最大流速（m/s） |
		间距（m）	比降（‰）	间距（m）	比降（‰）	间距（m）	比降（‰）	
2003年3月10日	4173	300	5.8					2.53
2004年2月12日	4240	400	8.83	200	12.35	4.85	3.32	490	4.43	2.82
2005年2月21日	3840	410	7.78	260	9.04	480	4.71	510	3.20	2.76
2006年2月10日	3930	301	8.8			600	5.27	300	2.80	3.06
2007年1月8日	4120	400	7.75	200	10.55	475	4.15	490	2.88	2.68
2008年3月19日	5200	400	7.85	200	8.65	475	2.75	490	3.18	
2009年2月13日	5100	400	7.0	200	7.35	475	2.71	490	3.55	
2010年3月3日	5210	400	7.1	200	7.45	475	2.87	490	2.5	

3.2.3　新水沙条件下航道影响因素浅析

从水文观测资料分析来看,三峡水库蓄水后出库泥沙基本以颗粒较细的冲泻质为主,宜昌站输沙量大幅减小90%左右,沙市站输沙量减小近80%。可认为三峡蓄水后坝下砂卵石河段经历了近似"清水"冲刷,表现为洲滩较大幅度的冲刷,局部深槽冲刷剧烈,蓄水前年内冲淤交替的演变过程逐步转换为单向冲刷。河床沿程冲刷导致水位下降是影响本河段航道条件好坏的关键因素,沿程分布的卡口河段对水位下降具有重要的抑制作用。

(1)河床形态对沿程水位变化的控制作用

综合三峡蓄水后新水沙条件下宜昌—大埠街河段航道条件变化的特点,不难发现沿程水位变化是该河段航道好坏最突出的表现,自下而上水位变化具有密切的联动性,并决定着宜昌水位的变化幅度。随着冲刷继续发展,大埠街以下沙质河床继续冲刷下切,水位进一步下降,使上游河段产生溯源冲刷,进而水位下降幅度增大;此外,随着沿程分布的具有控制性作用节点河段的冲刷,其对抑制下游水位下降向上传播的作用将逐渐减弱;而要解决芦家河"坡陡流急"的问题,可能需要采取挖槽疏浚等工程措施,这也可能导致控制性河段抑制作用进一步减弱。以下通过一维数学模型计算研究沿程水位变化对上游河段及宜昌水位的影响。

研究表明芦家河—大埠街河段存在芦家河、枝江、江口等控制性河段,分别假定不同位置发生不同幅度的河床变形,根据变形前后的水位变化判断不同区段的控制作用。具体的计算条件是:假定沙市水位不变,不同区段河床高程平均下切 2m,分别选取陈二口、昌门溪、马家店代表各浅滩段的上游水位,计算结果如图 3-11 所示。由图可知:

①马家店水位主要受江口浅滩段的控制,但大埠街以下沙质河床河段的作用也不可忽视,一旦冲刷,马家店水位也会有明显下降。实际上,三峡水库蓄水几年来的观测资料也表明,在沙质河床大幅冲刷的同时,马家店已有接近 0.5m 的降幅,略小于沙市水位下降幅度。

②昌门溪水位主要受枝江浅滩段的控制,江口浅滩及以下段也起到一定作用但程度不大,并且这种作用主要体现在大埠街以上,大埠街以下沙质河段冲刷对昌门溪水位影响很小。

③陈二口水位主要受芦家河浅滩的控制,昌门溪以下河段对陈二口水位的控制较小,即使是对昌门溪水位起主要控制作用的枝江、江口浅滩段整体下切 2m,引起的陈二口水位下降也不到 0.2m,显然枝江、江口浅滩对陈二口水位的控制作用要明显弱于芦家河浅滩。

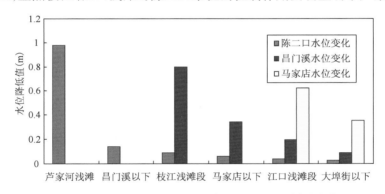

图 3-11　芦家河以下不同区间段河床变形引起的上游水位变化

综上所述,芦家河、枝江、江口各浅滩河段对上游水位的控制作用依次减弱。当芦家河下游发生河床冲刷或其他因素引起昌门溪水位下降时,并不会引起陈二口水位的大幅下降,但会明显增加芦家河段的比降。

宜昌—陈二口之间河床整体比降不大,但胭脂坝、宜都、外河坝、关洲等位置也具有潜在的控制性。为探讨这些河段对水位下降的抑制作用。分析仍采用了在 2002 年地形上利用数学模型进行概化计算的方式,分别假定不同范围内河床发生不同幅度的变形,引起的宜昌水位下降幅度如表 3-6 所示。可见,胭脂坝、宜都、关洲三个河段变形对宜昌水位有一定影响,但其绝对值仍相当小,即使胭脂坝、宜都、关洲各深泓高凸段冲深 2m,各自引起的宜昌水位下降也仅 0.1~0.2m,当河床变形小于 1m 时,引起的宜昌水位变化基本可以忽略。需要指明的是,以上是在假定陈二口水位不变的情况下做出的计算,若陈二口水位下降,同时浅滩部位河床又发生冲刷,而两者的联合影响将大于两者之和。陈二口水位下降对宜昌水位的影响远大于芦家河上游局部浅滩河段下切的影响,宜昌水位主要受陈二口水位变化影响,陈二口以上的潜在卡口河段对宜昌水位的控制作用相对较小。

不同计算方案下宜昌水位下降幅度（m）   表3-6

范围 ＼ 河床改变幅度（m）	−1	−2
胭脂坝	0.062	0.106
宜都	0.111	0.182
关洲	0.082	0.13

注：表中计算是在5300m³/s流量级下，陈二口水位不变。

以上研究表明：具有控制作用的节点河段保持稳定对宜昌水位的稳定具有重要意义，其中，芦家河、枝江、江口河段控制作用较强，芦家河以上的胭脂坝、宜都、关洲等河段次之，一旦这些控制节点河段冲刷或受到人类活动扰动破坏了其稳定，控制作用将减弱，也将导致宜昌水位下降。

（2）砂卵石河段沿程水位变化的关联性分析

①砂卵石河床冲刷和宜昌水位之间的关系。

从蓄水后砂卵石河床段河床变形、水流条件变化之间的相互关系可以看到，宜昌枯水位的稳定与胭脂坝、宜都、大石坝、关洲、芦家河、枝江等控制节点变形较小的事实紧密相关，但芦家河以下抗冲性节点的稳定一方面能够保持陈二口以上的水位稳定，另一方面也是造成局部坡陡、流急、水浅现象的主要原因。因而，若河床冲刷或人为的开挖等措施使芦家河、枝江等节点的控制作用明显减弱，固然可以缓解芦家河以下的坡陡流急碍航局面，但由此也将相应地引起水位下降向芦家河以上传递，由此必然导致芦家河以上节点的冲刷和宜昌水位大幅下降。

由原型观测所反映出的宜昌水位和砂卵石河床变形的相互关系可以看到，要协调解决砂卵石河段内宜昌水位、局部坡陡流急两方面的碍航问题，一是不能破坏各节点对水位的控制作用，二是要减小砂卵石河段末端的水位降幅。

②砂卵石河床冲刷和沙质河床水位下降之间的关系。

砂卵石河床与沙质河床的相互影响体现在两个方面：一方面砂卵石河床冲刷沙量是沙质河床来沙量的重要补给来源；另一方面沙质河床段的水位降幅影响着砂卵石河段末端的溯源冲刷和水位降幅向上传递。

由蓄水后的观测资料来看，砂卵石河段的冲刷强度较大，由此也使得沙质河床段仍有一定沙量补给，如太平口水道的太平口心滩、瓦口子水道的金城洲等洲滩不断淤高，就是上游仍有沙量补给的表现，但即使在这种情况下，沙质河床段的沙市附近枯水位仍然存在0.5m以上的降幅，由此也导致了大埠街、枝江附近水位下降。2006年后砂卵石河床段河床粗化程度较高，将来可供补给的沙量已较少，因而沙质河床的冲刷将更加剧烈。由目前的观测资料来看，监利附近枯水位仍未下降，若将来荆江河段全线大幅冲刷导致沙市附近水位降幅进一步增大之后，砂卵石河段末端的溯源冲刷将更趋严重。

3.3　上荆江河段

上荆江河床组成主要为中细沙，并有少量砾卵石，弯道较多，弯道内多有江心洲，属微弯河型。江中多江心洲，主要有关洲、水陆洲、柳条洲、马羊洲、三八洲、金城洲、南星洲、天星洲等处,荆江河段左岸有支流沮漳河入汇,右侧沿程有松滋口、太平口、藕池口分流注入洞庭湖。河段内主要浅水道有芦家河、枝江、太平口、马家咀、周公堤、天星洲等处。

三峡蓄水后,宜昌以下变为新水沙条件,河道沿程调节,冲刷自上而下发展,其剧烈程度沿程减弱。近年原观资料表明,上荆江河段冲刷较剧烈,尤以沙市河段变化最为剧烈;下荆江受到冲刷,洲滩航槽不稳定;城陵矶以下河段则呈现冲淤交替,总体冲刷。由于受到不饱和水流的强烈冲刷,上荆江河段洲滩普遍冲刷,岸线高滩崩塌严重,滩槽格局演变剧烈,其主要演变及航道条件变化特点详述如下。

3.3.1   新水沙条件下河段演变特点

(1)洲滩变化

①江心洲洲头低滩冲刷,洲尾上提。

对于中洪水也能出露的高大江心洲,如南星洲、天星洲、乌龟洲等,三峡水库蓄水以来没有出现特别明显的变化,但年际之间洲头迎流部位退缩,处于凹岸的洲缘逐渐崩退,以上变化造成高滩面积略有减小但高程变化不大。南星洲洲头低滩的形成主要与河道放宽以及位于主汊凸岸缓流区有关。受汛期水流取直影响,洲头低滩不稳定。三峡蓄水前,南星洲洲体经护岸实施工程后相对稳定,洲头滩体则随水沙条件的变化呈淤长—冲刷—淤长的往复性变化。一般而言,大水年南星洲头滩体冲刷切割、滩型低矮散乱,小水年洲头滩体淤长、高大完整。三峡蓄水后,南星洲头滩体先冲后淤,2003 ~ 2005 年南星洲头滩体大幅冲刷后退,此后主要受已实施一期工程影响,滩体向左侧淤长。而且,南星洲中段左侧滩体(− 3m)冲退幅度较大(图 3-12)。

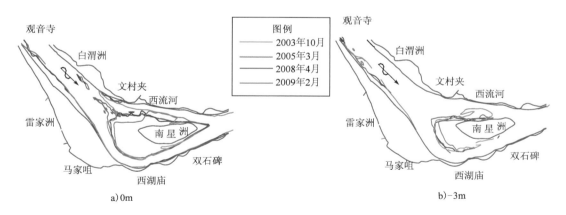

图 3-12   南星洲演变图

②心滩滩体冲刷缩小,滩面高程降低。

三峡工程蓄水后,受"清水"冲刷影响,2000 年汛后重新生成的新三八滩再度处于冲刷后退之势,滩头冲刷后退、滩体变窄,滩面刷低。针对这种不利局面,分别于 2004 年汛前、2005 年汛前两次实施了新三八滩应急守护工程,工程后新三八滩仍继续冲刷缩小。2008 年开始实施的沙市河段航道整治一期工程,对受损的滩体守护工程进行了加固,目前新三八滩在荆州长江大桥以上的滩体基本稳定。2008 年以后,大桥以下滩体逐年萎缩,洲滩宽度与面积都有大幅萎缩,滩体高程也有所降低,三八滩滩形变化如图 3-13 所示。

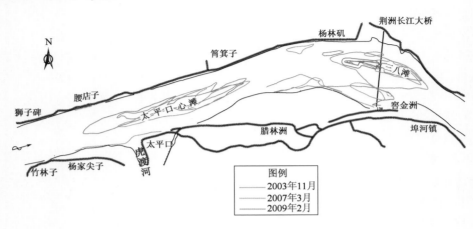

图3-13　太平口水道滩形变化(0m线变化)

金城洲属于弯道凸岸边滩,受上游太平口水道左岸节点挑流及大水取直水流的影响,滩体下段一般存在倒套。三峡工程蓄水以前,大多数年份金城洲以凸岸边滩形态存在。但在汛后中水持续时间较长的年份,呈现水下潜洲、不稳定心滩等形态特征,1998、1999年大洪水后,金城洲归并凸岸且呈淤长趋势。三峡蓄水运用后,金城洲洲头受到冲刷,滩面淤高,右侧窜沟冲刷发展;从金城洲洲体变化对比来看(图3-14),三峡蓄水运用后,金城洲持续冲刷后退,中部淤高,2004年7月右岸边滩被水流切割,形成江心洲,随后洲体右缘持续冲刷崩退,右汊发展分流比明显增加。

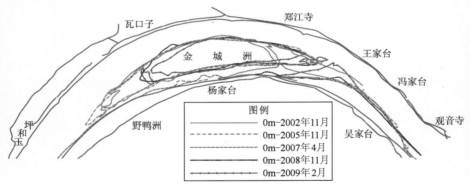

图3-14　金城洲滩形变化(0m线变化)

处于弯曲放宽段的心滩面积有所减小,如太平口水道三八滩、瓦口子水道金城洲,之所以出现以上变化,是由于这些心滩处于弯道之中,天然情况下即存在凹冲凸淤的现象,蓄水后来沙大减使得凹岸更易崩退而凸岸难以淤积,因此年际之间心滩在不断向弯道凹岸一侧移动的同时,面积逐渐萎缩。

③边滩头部冲刷后退,尾部下移。

腊林洲边滩:三峡工程蓄水运用以来,腊林洲边滩滩体头部冲刷后退;中部冲淤变化减缓;而滩体尾部变化较大,原有窜沟进一步淤浅,滩体尾部下延。到2009年,腊林洲边滩滩头及中上段继续保持冲刷(图3-15),腊林洲尾部低滩淤积明显,滩体长度及宽度都有所增加(表3-7)。但与2007年比较,滩体宽度还是有所减小。

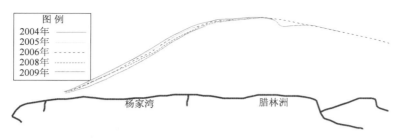

图 3-15　太平口水道腊林洲边滩滩形变化(0m 线)

腊林洲边滩(0m)特征值及所在位置统计　　　　　　　　　　　表 3-7

时　　间	滩长(m)	最大滩宽(m)	最大滩面高程(m)	滩头位置	滩尾位置
2005 年 3 月	6850	1770	11.5	荆江分洪闸	荆 35 下 4670m
2007 年 2 月	7024	1562	未测	荆江分洪闸	荆 35 下 4971m
2008 年 4 月	7387	1455	未测	荆江分洪闸	荆 35 下 5353m
2009 年 2 月	7654	1498	11.7	荆江分洪闸	荆 35 下 5612m

蛟子渊边滩:周天控导工程实施后,周公堤心滩与蛟子渊边滩连为一体,原心滩头部受到一定幅度的冲刷,但在整治建筑物的作用下,滩头基本稳定在潜丁坝坝头附近,但相对2005 年有较大幅度的后退,原心滩滩体滩尾右缘冲刷后退,同时向左淤积下延,逐渐与蛟子渊边滩相连(图 3-16)。

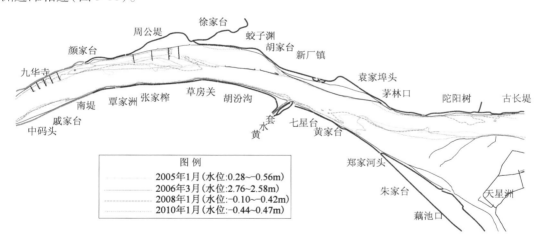

图 3-16　周天河段 1m 线变化图

天星洲洲头低滩:三峡蓄水后,天星洲左缘在水流作用下呈明显的冲刷后退状态。由图 3-16 可见,天星洲洲头近年来持续冲刷后退,尤其在茅林口—陀阳树对开处滩体冲刷后退明显。

陀阳树边滩:三峡工程蓄水后,陀阳树边滩近期明显处于冲刷下移的状态,2008 年枯季较 2007 年汛期,陀阳树边滩头部受冲刷向下移约 1.5km,尾部下延至原边滩头部位置,至2009 年枯季,陀阳树边滩进一步冲刷,滩体范围大大减小,0m 等深线近岸而下,随着陀阳树边滩的逐步冲失下移,在古长堤至沙埠矶近岸区域逐渐淤积成一滩体。

（2）主支汊变化

三峡蓄水后，微弯分汊河段处于凸岸支汊的多有所发展。如瓦口子水道三峡工程蓄水运用前支汊处于凸岸一侧，三峡工程蓄水运用后，支汊（右槽）处于发展态势，见图3-17；马家咀水道左右汊分流比变化见表3-8，2006年以前左汊分流比增加，2006年后受航道整治一期工程影响，分流比减小趋势才得到逆转。综合来看，处于凸岸侧支汊发展和三峡蓄水运用后弯道凸岸边滩冲刷是一致的。这种现象产生的原因主要与弯道"大水趋直、小水坐弯"的水沙特性，加之三峡蓄水后水沙变化有关。

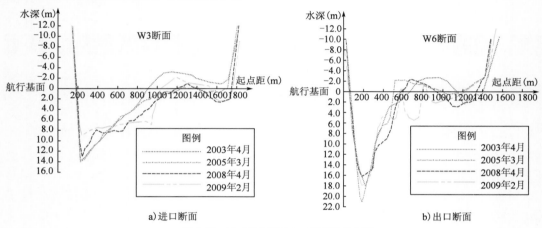

图3-17　瓦口子水道进出口横断面变化图

马家咀水道左汊分流比统计　　　　　　表3-8

日　　　期	流量（m³/s）	左汊（%）
2003 年 10 月	14904	33.0
2004 年 2 月	4510	15.1
2004 年 6 月	16192	34.4
2004 年 11 月	10157	38
2005 年 11 月	10256	42
2007 年 8 月	30682	46
2007 年 11 月	8530	27
2009 年 2 月	6522	11

（3）断面形态变化

三峡蓄水后，冲淤观测计算资料表明，上荆江河段表现为"滩槽皆冲"，其中枯水河槽冲刷占89%，枯水以上河槽（即洲滩）冲刷占11%，蓄水后上荆江河段宽深比较蓄水前整体上有所减小（表3-9）。

荆江各河段沿程断面宽深比变化（枯水流量）　　　　　表3-9

时间 河段	2002 年 10 月	2004 年 6 月	2006 年 7 月	2008 年 10 月
枝城—枝江	8.12	7.73	7.89	7.45
枝江—沙市	6.50	6.27	6.48	6.31

时间 河段	2002 年 10 月	2004 年 6 月	2006 年 7 月	2008 年 10 月
沙市—公安	7.78	4.50	4.85	4.47
公安—郝穴	3.75	3.66	3.85	4.05
郝穴—新厂	7.27	6.05	6.15	6.43
新厂—石首	6.12	6.10	6.38	5.58
上荆江	6.68	5.64	5.84	5.74

对于河道形态较为单一的河段,河槽冲刷以下切为主;对于分汊河段,随着洲头(滩头)冲刷后退,滩尾上提,由于局部滩槽形态的变化,部分区域断面宽深比有一定程度的增加,河槽趋于宽浅化。如瓦口子水道随着金成洲洲头冲刷,洲尾上提,相对应的河段横断面形态向宽浅发展(图 3-17),这对处于分汊河段进出口的浅滩航道条件是不利的,可能导致航道条件恶化,甚至出浅碍航。

3.3.2　新水沙条件下航道条件变化特点

(1)分汊段放宽段浅滩演变特点

微弯分汊段及河弯发展过程中形成的分汊段,如太平口水道、瓦口子水道、马家咀水道,洲滩不稳定,在放宽段洪枯水流路不一致,受不同来水来沙条件影响,滩槽形态多变,浅滩水深不足、航槽不稳定。三峡正常蓄水后,冲刷逐步向下游发展,处于上荆江河段内的分汊河道江心洲(或心滩)头部和左右缘冲刷尾部淤积下延,边滩普遍冲刷显著;分流区的放宽段是冲刷较弱甚至淤积的河段,即使在近几年来径流量不大的情况下,部分河段仍然出现了滩槽皆淤的现象,这说明放宽段汛期淤积的规律在蓄水后仍然未得到改变。总的来说,分汊河段滩体的冲刷必然导致枯水河床展宽,不利于水流集中冲槽,并且心滩的冲刷后退将使得分流点下移,过渡段相应下移,航槽难以稳定。此外,汛后退水加快,浅滩冲刷期明显缩短,而江心洲滩头部进一步冲刷后,导致分汊放宽段更趋宽浅,滩槽形态恶化导致退水期流路摆动幅度增大,极可能出现汛后出浅现象,不利于航道条件的稳定。

(2)顺直过渡段浅滩演变特点

在长江中游,一般不会存在较长的顺直河段,往往表现为顺直微弯河段中的顺直段、两弯道之间的长直过渡段以及汊道上游逐渐放宽的单一段。顺直河段从平面外形看,河段河身比较顺直,但由于边滩的分布,主流流路仍然是弯曲的。其演变主要表现为边滩的冲淤变化及深泓摆动,从而导致浅滩不稳,航槽多变。

从三峡水库蓄水后各河段边滩的冲淤变化来看,顺直过渡段边滩受冲缩小、很不稳定,随着边滩的萎缩,河道展宽,局部航槽淤积逐渐明显,河槽向宽浅方向发展,航道条件趋于恶化。对于长顺直河段,浅滩的冲刷与边滩位置及规模、来水来沙条件密切相关。之所以出现以上现象,是由于边滩交错,主流弯曲,边滩头部一般处于弯道环流的凹岸,而尾部处于弯道环流的凸岸,蓄水后水流长期处于次饱和状态,因而造成滩头的普遍后退,滩尾虽可能有淤积,但由于淤积量较少,高程低矮,因而不稳定,造成主流摆动不定,航道条件变差。

3.3.3　新水沙条件下航道影响因素浅析

(1)"清水下泄"导致滩槽格局调整

优良的滩槽格局是航道条件良好、航槽稳定的基本保证,沙质河段浅滩航道条件与洲滩的稳定密切相关。三峡蓄水后,上荆江河段冲刷剧烈,洲滩冲刷、岸线崩退、支汊冲刷,局部河道向宽浅方向发展,主流摆动空间增大,在分汊口门、弯道段及两弯道之间的长直或放宽过渡段的航槽不稳定性加大,易造成浅滩水深不足。如沙市河段、藕池口水道、江心洲(滩)头呈冲刷后退之势,造成分流处河道展宽、水流摆动空间增大,影响航槽位置及水深的稳定;而且,一些口门处存在边滩的汊道、边滩也很不稳定,进一步加剧了航道条件的恶化。关于洲滩演变与航道条件的关系,在前文已有较多论述,在此不再累述。

（2）上下游河势调整影响

①分汊河段演变对下游航道影响。

对于分汊河段,主支汊水动力的兴衰,必然导致进入其下游河道的主流动力轴线发生或多或少的变化,进而影响着下游河道的演变发展方向。如太平口水道出流直接影响瓦口子水道的进流条件。由于三八滩南汊与瓦口子弯道左槽之间衔接较为平顺,上游三八滩南汊发展对瓦口子水道左槽的稳定有利,如三八滩南汊为主汊的1973年、1998年大水后,瓦口子水道主流一直位于左槽,且航道条件较好;而上游三八滩北汊发展则有利于瓦口子水道右槽的冲刷,如北汊分流比绝对占优的1961年、1985～1988年、1993～1997年,右槽成为瓦口子水道枯季主航道。三峡蓄水后,北汊分流比逐步增大,由2003年的34%增至2011年的59%。对比历史规律,目前北汊较优的水动力条件也是促进金成洲洲头冲刷、瓦口子水道右汊发展的重要条件。

南星洲洲尾高滩与深泓的相互关系直接影响了斗湖堤水道中段的滩槽变化,导致该河段左侧河床逐渐冲深,而河道右侧则成为枯水缓流区,泥沙落淤形成浅包,浅包在蓄水以来年纪变化表现为逐年淤高淤宽,挤压河道左侧航槽。

②顺直微弯段演变对下游航道影响。

对于顺直放宽段,随着边滩位置及范围的变化,同样也会导致进入下游河道的主流发生摆动。

如周公堤水道与天星洲水道之间的演变关系主要表现为边滩和主流之间的关系,当周公堤水道滩槽较稳定,主流摆动不大时,天星洲水道滩槽也较稳定,主流摆动也不大;当周公堤水道滩、槽不稳定,主流摆动大时,天星洲水道滩槽也不稳定,主流摆动大,出现右槽一次性过渡和二次性过渡机会相应增加。在20世纪60年代下荆江系列裁弯工程实施以前,周公堤水道的主流过渡段基本稳定在水道上、中段,天星洲水道主流基本在左槽一次性过渡和右槽一次性过渡间摆动;60年代末初至80年代,受下荆江系列裁弯和葛洲坝水利枢纽运用影响,周公堤水道主流过渡段位置上提下移摆动十分频繁,而且摆动幅度较大,天星洲水道深泓平面摆动剧烈,左右摆动频繁;90年代以来,周公堤水道深泓摆幅较上一阶段大幅度减小,基本稳定在上过渡段,天星洲水道此阶段过渡段深泓摆幅较小,基本呈左槽一次性过渡。

天星洲水道主流的变化对藕池口水道演变产生影响。天星洲水道的出口,即藕池口水道进口,是以左侧的陀阳树边滩及右侧的天星洲为河道两侧的控制边界。由周天河段的近期深泓线变化及藕池口水道近期演变可以看出,由于在20世纪70年代前期,天星洲水道的主流沿左岸而下,藕池口水道的左汊发展,主流位于藕池口水道的左岸;在70年代末期,由于天星洲水道的主流位于该水道的右岸,使得藕池口水道的右汊得以发展,并迅速发展成主汉;在 80 年代初期,由于天星洲水道为二次过渡形式,出口主流顶冲陀阳树边滩,使得左汉受冲刷,成为主汉;在进入 80 年代中后期至 90 年代后期,由于天星洲水道的主流基本维持在左岸,使得藕池口水道的入口主流基本保持在左岸;在 90 年代末期至三峡蓄水运用前,天星洲水道的主流稳定,且紧贴左岸,同时藕池口水道的主流稳定在入口的左岸,藕池口心滩高大完整并依附于右岸;三峡蓄水运用以来,天星洲水道出口左岸的陀阳树边滩逐年淤积,而天星洲洲体左缘不断冲刷后退,使得主流右摆,这将影响藕池口水道进口主流的稳定。

（3）节点河段的存在削弱了上下游河道演变的关联性

在河床演变过程中,往往存在具有某种固定边界（如矶头）或平面形态较为稳定的窄深河段,其存在对河道变化起控制作用,相邻的两个河段由于中间节点的调节作用,使得上游河段的演变不可能立即对下游河段产生影响,从而决定了节点（或节点河段）上下游长河段之间的演变具有相对的独立性。考察长江中游上荆江河段各水道的稳定性,认为大埠街—宛市水道、马家寨—郝穴水道等河道形态较为窄深,且长期保持稳定,对上下游河段演变的相互影响具有抑制或缓冲作用。

3.4　下荆江河段

下荆江河床组成为中细沙,为蜿蜒性河道。藕池口至城陵矶为下荆江,长约 175km,属典型蜿蜒性河段,河道迂回曲折,素有“九曲回肠”之称,河槽较窄,平均河宽为 1000m 左右,两岸地势平坦,河床冲淤多变,很不稳定。中州子、上车弯、沙滩子分别于 1967 年、1969 年、1972 年裁弯,初期共缩短航程 78km。裁弯后其上段水面比降增大,河床刷深,下段水面比降减少,河床有所淤高。河段内主要浅水道有藕池口、碾子湾、窑集佬、监利、大马洲、铁铺、尺八口等处。

三峡蓄水以来,宜昌站年均输沙量较蓄水前大幅减少,坝下河段产生剧烈冲刷,输沙量沿程逐渐恢复。从监利站各粒径组三峡蓄水前后的输沙量对比来看,由于上游河床冲刷补给,$d > 0.125mm$ 的床沙质泥沙至监利站基本恢复到蓄水前的水平,致使蓄水后河床仍维持了年内“涨淤落冲”变化。因此,下荆江河段深槽冲刷并不明显,而颗粒组成较细的边滩、心滩冲淤变化剧烈,加之径流过程年内分配的变化,导致下荆江河段航道条件出现不同程度的恶化。

3.4.1　新水沙条件下河段演变特点

（1）洲滩演变

①弯道过渡段边滩滩头冲刷后退,滩尾淤积下延,主流摆动空间加大。

碾子弯水道上边滩:三峡蓄水以来,弯道仍处于发展过程中,凹岸岸线崩退、凸岸淤长,主流顶冲点下移,但变幅较小。碾子湾水道上边滩的上端遭切割,下边滩头部冲刷后退（图 3-18）,虽然河势稳定,洲滩、航槽位置相对不变,但局部地形发生了一些不利于航道条件维持的变化。

丙寅洲边滩:三峡蓄水来,由于监利主汉稳定在乌龟夹,丙寅洲洲体演变仍在继续,但变化幅度总体减小,演变趋势有所变化。主要表现为:与太和岭正对的上边滩淤积,挤压入口航槽且加大其弯曲度;中部低滩由于受到太和岭矶头挑流冲刷而逐渐后退;上游来沙在放宽段沉积,从而下边滩淤长淤宽,并受水流切割作用,在陈家码头到天子一号一带形成心滩（图 3-19）。

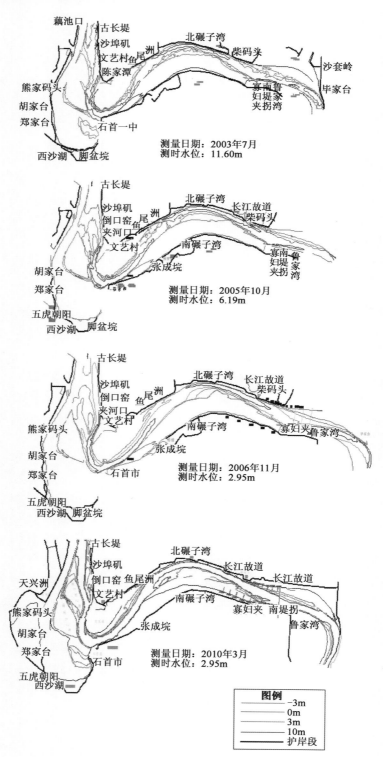

图 3-18　碾子湾水道河势比较图

　　大马洲边滩:三峡蓄水以来,随着右岸丙寅洲边滩的逐渐下移,被丙寅洲边滩挑向左岸下泄的主流在左岸的顶冲点也相应下移,造成大马洲下边滩头部冲刷后退,导致出口弯道及出口段河道展宽,过水断面增大,引起槽中水流分散,流速减缓,泥沙落淤,形成浅点或心滩(图 3-20)。

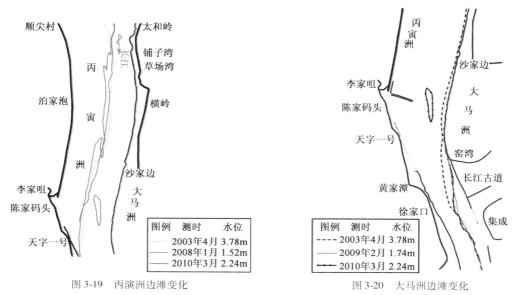

图 3-19　丙演洲边滩变化　　　　　　　　　　　图 3-20　大马洲边滩变化

　　广兴洲边滩:三峡蓄水以来,铁铺水道广兴洲边滩冲刷明显,近几年局部航槽淤积逐渐明显,河槽向宽浅方向发展,致使枯水航槽位置更不稳定、浅滩冲刷难度加大,近年河势变化见图 3-21。一方面,广兴洲边滩不稳定,2003 年以来,边滩上冲下淤且冲刷部位不断下移,特别是 2006 年以来小沙年边滩冲刷迅速,至 2010 年 12 月,边滩主体位置较下、滩头滩体基本冲散;而且,伴随着边滩的大幅冲刷,局部深槽自 2006 年起发生不同程度及范围的淤积,河床的不利调整逐渐明显。另一方面,何家铺边滩为洪水港弯道凸岸边滩的下段,近期边滩滩尾总体上有所上提,经统计,2010 年何家铺边滩尾部、广兴洲边滩头部之间的距离约 3.2km,较 2003 年增加 1.1km,这一变化对过渡段水流集中冲槽不利。

　　②弯顶段凸岸边滩受冲刷切割,串沟发展。

　　桃花洲边滩:三峡蓄水以来,弯道段尤其是弯道进口段呈现明显的凸冲凹淤现象(图 3-22),即弯道凸岸侧上段冲刷,凹岸侧边心滩淤积下移。莱家铺弯道段南河口一带边滩近期以边心滩的形式向江心淤展,而其对凸岸侧进口段相应的向后退缩,2002~2005 年边滩后退幅度为 65m,但江心侧出现小心滩,2008 年,边滩仍有冲刷后退,心滩继续淤长。

　　新河口边滩:新河口边滩一般从乌龟夹进口延至乌龟夹的尾部,位于窑监河段的凸岸,年内遵循"涨淤落冲"的演变规律。年际间边滩滩头变化受主流变化影响较大,主流北摆则滩头淤长、主流南移则滩头冲刷。近两年来,由于南槽的存在,新河口边滩被分割成上下两块滩体(图 3-23)。2009 年,上段沙体淤高、长大,原有散乱的沙体连成一体,面积大幅增加,沙体尾部下延。下段沙体头冲下淤,挤压乌龟夹出口航槽。

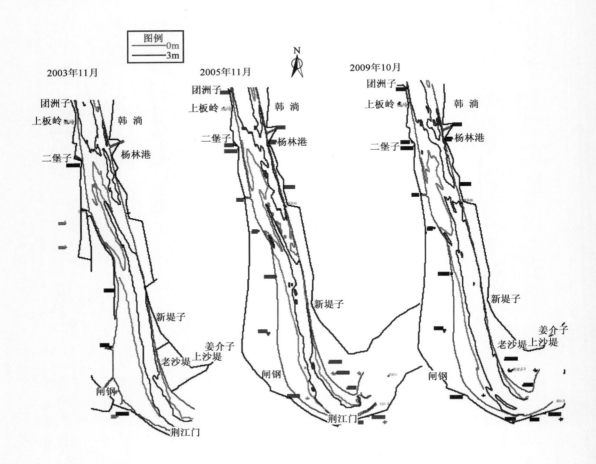

图 3-21　铁铺水道近期河势变化图

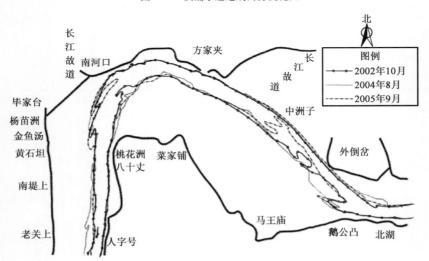

图　3-22

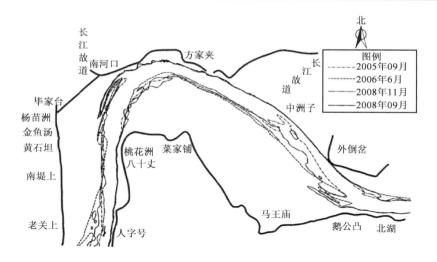

图 3-22　莱家铺水道近期河势变化(3m)图

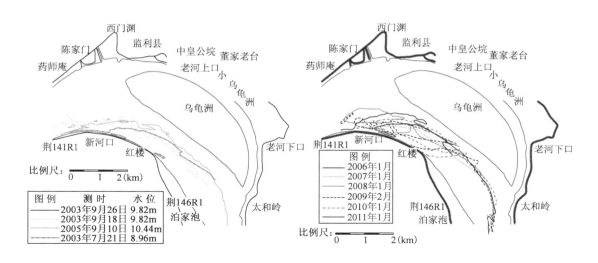

图 3-23　三峡水库蓄水后监利水道新河口边滩变化

　　反咀弯道段凸岸边滩:三峡蓄水以来,弯道段岸线变化较小,但河道内边滩、深泓变幅较大,特别是弯道上段。一方面,弯道上段深泓很不稳定,呈左摆之势,2008 年以前深泓呈不断左摆、最大摆幅在 500m 以上,2009 年深泓有所右摆(图 3-24);另一方面,凸岸上段边滩大幅冲退,凹岸侧边滩略有冲刷,弯道上段中枯水河槽展宽。其中,凸岸上段边滩的冲刷以滩头后退、滩宽减小的方式进行。2003～2006 年凸岸边滩冲刷幅度较大,滩头下移 1.5km 至荆 172 附近, -1m 等深线冲退宽度在 230m 以上;2006～2009 年虽然边滩向河心侧有所回淤,但滩头继续下移,至 2009 年 12 月,凸岸东风窝子以上边滩基本冲失。

　　尺八口弯道段边滩:三峡蓄水以来,尺八口水道上边滩淤积下延,而下边滩(弯道凸岸边滩)退缩,弯道段心滩头部大幅后退,中下段变宽增高(图 3-25)。2004 年 4 月～2007 年 4月,河道下段左岸侧边滩(即下边滩)发育比较完整,仅在弯顶区域存在一居于江心的倒套,

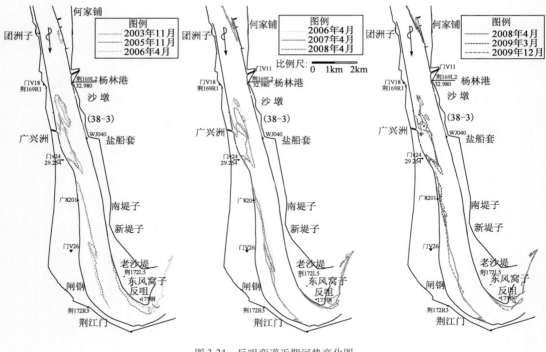

图 3-24 反咀弯道近期河势变化图

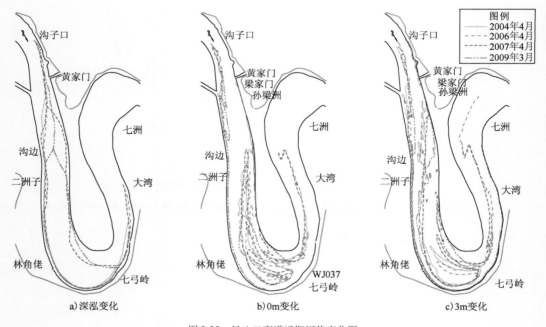

图 3-25 尺八口弯道近期河势变化图

主流自左岸黄家门向沟边一带过渡,且相对稳定。此后,下边滩不断退缩,弯道段心滩变宽增高,至 2009 年位于过渡段的边滩基本冲失,仅弯顶段存在小范围边滩。过渡段深泓明显左摆,深泓居于江心,水流向左、右两岸侧分散,向右过渡至二洲子一带,下移幅度约为

1.3km,右槽内深泓平面比较稳定,基本上贴右岸侧;而左岸侧倒套冲刷并左摆,同时向上延伸,二洲子一带变得宽浅。

（2）深泓摆动幅度增大

随着洲滩形态的冲淤调整,过渡段及弯道段内深泓摆动幅度增大,航槽不稳定性加剧。三峡蓄水以来,反咀弯道、尺八口弯道段的深泓变化见图3-26,反咀弯道凸岸边滩上段继续冲刷后退、下段略有淤积,深泓进一步向凸岸偏移,滩嘴不稳定性增加;在尺八口过渡段深泓左摆、下挫,深泓平面变化较明显,2003～2009年过渡段深泓左摆470m左右,由左向右的过渡段深泓下移幅度约为1.3km;而且,七公岭弯道凸岸侧深槽已冲深至航行基面以下10.9m,致使过渡段以下水流向左、右岸侧分散。

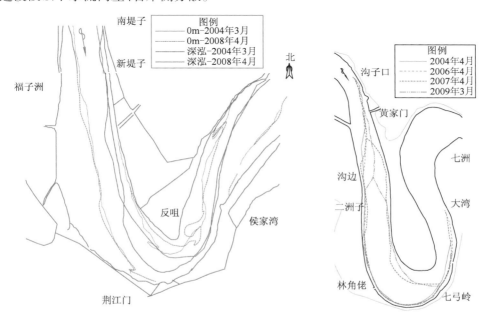

图 3-26　反咀弯道、尺八口弯道近期深泓变化图

（3）断面形态变化

三峡蓄水后,冲淤观测计算资料表明,下荆江河段总体表现为"滩槽皆冲",局部河段"冲滩淤槽",其中枯水河槽冲刷占85%,枯水以上河槽（即洲滩）冲刷占15%,蓄水后上荆江河段宽深比较蓄水前整体上略有增加（表3-10）。

结合三峡工程蓄水后具体河段的冲淤变化看,宽深比增加部位主要位于有边滩存在的顺直过渡段、分汊河道进口段及凸岸遭冲刷的弯道段,这些河段共同的特点是:三峡工程蓄水运用以来,边滩均遭到不同程度的冲刷。

荆江各河段沿程断面宽深比变化（枯水流量）　　　　　　　　　　　　表 3-10

河段＼时间	2002 年 10 月	2004 年 6 月	2006 年 7 月	2008 年 10 月
石首—调关	3.79	3.80	3.69	3.82
调关—监利	5.03	4.89	4.84	5.19

时间 河段	2002 年 10 月	2004 年 6 月	2006 年 7 月	2008 年 10 月
监利—荆江门	4.69	4.92	4.86	5.17
荆江门—城陵矶	4.61	5.02	4.94	4.76
下荆江	4.85	4.95	4.94	4.90

对于分汊型以乌龟洲汊道进口段为例,见图 3-27,在乌龟洲汊道进口段右岸有新河口凸岸边滩,受三峡水库蓄水以来清水下泄影响,凸岸边滩有一定的冲刷后退,且局部区域有倒套发展,使断面宽深比近年来不断增加,据统计 2004 年 6 月枯水流量宽深比为 10.6,到 2010 年 9 月枯水流量宽深比显著增大到 13.24,航道条件有向不利方向发展的可能性。

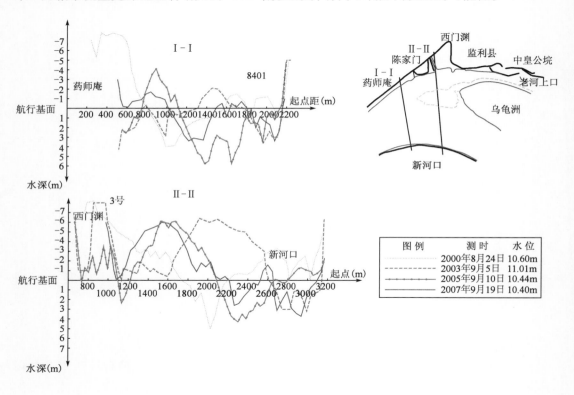

图 3-27 窑监水道进出口浅区横断面变化图

对于顺直型以大马洲水道丙寅洲边滩段为例,见图 3-28,三峡水库蓄水以来,受清水下泄及上游出流变化的影响,丙寅洲边滩呈现持续冲刷态势,该段河宽也随之有一定程度增加,断面逐渐向宽浅发展,枯水流量下宽深比较建库前有所增大,且年际间变化幅度较大,随着宽深比的增加,不同流量下主流摆动将更加频繁,对航道条件的稳定构成一定影响。

尺八口水道弯道段凸岸侧河床冲深成槽,并进一步左摆、上延,有形成左槽之势,2010 年 4 月上深槽与凸岸深槽 3m 等深线贯通。随着近左岸河床的刷深,二洲子一带过渡段枯水河床变得宽浅,无明显主槽,断面形态由深槽贴右岸的偏"V"形向深槽不明显的"U"形发展,见图 3-29。

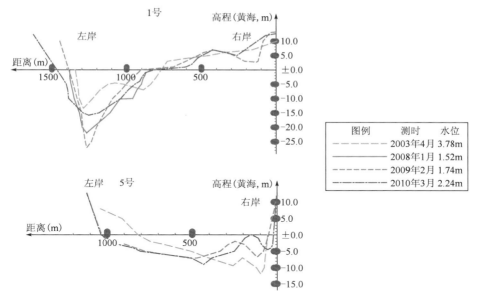

图 3-28　大马洲水道进出口横断面变化图

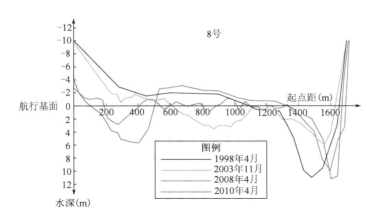

图 3-29　尺八口水道进出口横断面变化图

3.4.2　新水沙条件下航道条件变化特点

三峡工程蓄水运用后,受水沙条件变化的影响,近几年来,弯道段基本上表现为凸岸边滩冲刷,凹岸深槽淤积,如碾子湾水道、莱家铺水道等,有些水道如调关水道、反咀水道,凹岸侧甚至已淤出心滩。而在河宽较大的急弯段,如尺八口水道,由于凸岸边滩根部原本存在审沟,蓄水以后审沟发展十分迅速,切割凸岸边滩成为心滩,滩槽格局则更加趋于恶化。这一现象之所以出现是因为来沙减少后,弯道段维持稳定的条件已不复存在,中洪水期主流漫滩后,由于水流挟沙不饱和,滩面必然受到冲刷,而且退水过程中难以淤还,受此影响,中枯水流路也逐渐向凸岸侧摆动,凹岸逐渐淤积,从而形成或快或慢的切滩撇弯趋势。

三峡水库蓄水后弯道段出现的冲刷明显加剧,即边滩冲刷下移,顶冲点下挫,主流随着边滩的下移而摆动,顶冲点的下挫则造成弯道段出口崩岸展宽,使河道向宽浅方向发展。这些弯道段的变化一方面对自身航道条件产生不利影响,如急弯段出现多槽争流态势;另一方面对上、下游航道条件产生不利影响,如莱家铺弯道凸岸的冲刷变化将加剧下游放宽段的淤积,碾子湾凸岸冲刷造成主流下挫、威胁已有整治建筑物的稳定,尺八口弯道的变化一定程度上加剧上游河段过渡段浅区交错的态势。

3.4.3　新水沙条件下航道影响因素浅析

(1)冲刷导致滩槽调整

优良的滩槽格局是航道条件良好、航槽稳定的基本保证,沙质河段浅滩航道条件与洲滩的稳定密切相关。三峡蓄水后,下荆江冲刷强度相对较弱,且洲滩冲刷所占比例较大,主要体现为顺直段边滩上缘冲刷、滩体缩小,弯曲段凸岸边滩遭切割,弯顶甚至有沙包淤长,主流摆动幅度增大,横断面变得宽浅。如大马洲水道、铁铺水道,边滩冲刷、局部岸线崩退,致使河道展宽、水流分散,浅滩冲刷难度加大,水深条件存在恶化趋势,一些水道河槽已经出现宽浅发展迹象;莱家铺水道、尺八口水道,凸岸边滩冲刷,主流位置不稳定,有向凸岸侧摆动的趋势,滩槽形势很不稳定,一些水道的河道形态已经呈现散乱的演变趋势,航道条件恶化。凸岸边滩遭水流切割后,航道条件急剧恶化;凸岸边滩冲刷,深泓和主流向凸岸侧摆动,存在切滩隐患。

(2)流量过程调整影响

三峡蓄水后冲刷强度自上而下逐步减弱,上荆江河段洲滩冲刷剧烈导致滩槽形态发生较大幅度的调整,其对航道条件的影响远较流量过程的影响显著,而下荆江河段冲刷强度相对较小,从三峡蓄水以来几年观测来看,窑监河段、尺八口水道等河段航道条件持续恶化,流量过程变化对浅区的影响较为突出。

受三峡蓄水影响,汛后退水期流量减小,使得乌龟夹进口浅区汛后冲刷幅度相对减小,对航道条件不利。图3-30为监利河段乌龟夹进口浅区2号横断面年内变化规律,均“洪淤枯冲”。通过对浅滩段横断面年内变化及各年汛后退水过程中水位变化与航道水深变化对应关系分析,初步确定了退水过程中最佳的冲刷流量区间为 $10000 \sim 15000\mathrm{m}^3/\mathrm{s}$,结合三峡蓄水期间对流量的改变,认为三峡蓄水导致退水过程中对浅滩冲刷效果较好的流量持续时间大幅减少,这种变化不利于水流归槽,将导致汛后浅区冲刷不足,以致枯季碍航。

三峡蓄水后,尺八口水道汛后退水相对较快以及汛期来沙较多的水文年,汛后3m航槽水深条件均较差。如2003年、2007年中水年,汛后退水相对较快,尺八口水道2003年汛后3m航槽断开、2007年汛后3m航槽内存在浅梗;2005年来流量较大,汛期来沙量也较大,过渡段淤积幅度较大,退水冲刷强度不够,出现汛后3m航槽断开的局面;由于汛后退水相对较快,浅滩冲刷不及时,出现多槽争流、无明显主槽的局面,需靠疏浚措施维持航道通畅。

(3)上下游河势变化

下荆江为典型的弯曲河段,上段为窑监大弯曲分汊河段,往下砖桥弯道、铁铺长顺直过渡段、反咀弯道、熊家洲微弯段依次相连,各弯道之间演变关联性密切,素有“一弯变,弯弯变”之说,在20世纪60~70年代裁弯期间表现最为显著。

历史上监利水道深泓摆动、主支汊易位引起大马洲滩槽格局调整,三峡蓄水后由于上游窑监河段出口主流的左摆,使得太和岭矶头挑流作用增强,引导水流顶冲丙寅洲边滩中部,造成滩槽出现不利变化,航道趋于弯曲、变差,其出口深泓的局部摆动也引起了大马洲水道主流的大幅调整,并且其影响延伸至砖桥水道。

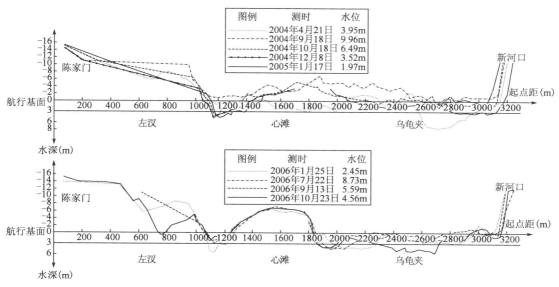

图 3-30　监利河段浅区年内断面冲淤变化图

砖桥水道以下为多个连续弯道,三峡蓄水以来演变主要表现在弯顶主流和深泓的摆动,由于弯道间的过渡连接段较短,上下弯道演变的关联性已有初步体现。如三峡蓄水以来,熊家洲弯道凸岸边滩冲刷、凸岸侧河槽有所冲深,导致出熊家洲弯道后,尺八口过渡段深泓左摆、下挫,冲刷尺八口弯顶凸岸边滩。同理,藕池口弯道与碾子湾河段、调关～莱家铺河段也有类似演变的关联性。

3.5　演变趋势分析

3.5.1　总体河势变化

一般来讲,修建水库以后,由于洪水流量的调平、来沙量的减小、下游水流挟沙能力不断降低,水库下游将向降低水流能量以及输沙量的方向发展,从长期发展趋势来看,下游河道总要朝稳定的方向发展。建库后由于流量调平、沙量减少而导致游荡型河流转化成蜿蜒型,弯曲型河流河宽萎缩的现象在国外也十分常见。表 3-11 列出了水沙不同变化特征可能引起的河型调整情况。

水库下游水沙变化可能引起的河型调整　　　　表 3-11

水沙变化		断面形态	平面形态
流量变化	变幅调平	—	主流摆动幅度小,游荡性降低;洪峰变差系数减小,不利于分汊
	洪峰历时增加	—	易使新淤滩地切割,不利于曲流形成
	中水频率增加	中水河床断面面积增大	平面形态向中水流路控制的方向发展
	径流量减小	过水面积减小	水流能量减小,游荡特性减弱

水 沙 变 化		断 面 形 态	平 面 形 态
沙量特征	含沙量减小	河床组成较细情况下趋于下切;河床组成较粗或冲刷粗化后趋于侧蚀	河岸可冲情况下,侧蚀使河长延长,利于蜿蜒
	粒径变粗	用于还滩冲泄质少,断面趋宽浅	不能形成完整边滩,不利于弯曲河型形成

针对三峡水库下游河道的具体情况,长江中游大埠街—武汉河段可能的河型、河势变化趋势如下:

(1)上荆江河段

上荆江由于两岸护岸工程控制较强,目前护岸建筑物的抛石护脚已达到深泓高程,预计只要进一步加强防护,侧蚀不可能大规模发展,主要以深蚀为主。因此,上荆江以上河段平面形态不会发生大的变化。

在天然条件下,上荆江河势除局部调整外,一般是较稳定的。三峡蓄水后,对汊道变化作用大的大洪水经水库蓄洪后会被削减,河床粗化,三峡水库下游冲刷将使上荆江河势在基本格局上进一步稳定。

(2)下荆江河段

长江下荆江河段是典型的蜿蜒河段,三峡建库后,将同时发生深蚀与侧蚀,但由于护岸工程的作用,主要以深蚀为主,河型不会发生大的变化。

从水沙条件变化来看,在冲刷过程中,由于 $d < 0.01$ mm 的细颗粒基本能全部排出库外,凸岸高滩能够淤还,该段不致发展成为宽浅分汊型;其次,特大流量由于水库调洪而减少且洪峰涨落平缓使淤滩不易被冲失,而一定的流量变幅则使滩面有出露密实的机会,这些均有利于弯曲河段的发育和保持。三峡建库后,侧蚀也将发生,但由于护岸工程的影响,侧蚀的部位将仅在宽阔段的河漫滩段发生,其他河段将主要以深蚀为主。

从河势的变化趋势来看,三峡建库后,下荆江的冲刷量和冲刷深度均较大。由于河流槽宽的绝对值也会有所加大,将来下荆江弯道处可能出现小的心滩和边滩,也可能会发生一些撇弯和切滩。

(3)城陵矶以下河段

长江城陵矶以下河段是典型的江心洲稳定型河段。由于距离坝址较远,受水沙条件变化影响较小,而水库对流量过程的调节,也因沿程江湖调蓄作用而大为衰减。

三峡建库后,本河段的总体河势将维持稳定,但局部河段河势可能发生较为明显调整:一是由于细颗粒冲泻质泥沙减少,一些缓流区和回流区淤积减缓;二是由于汛期沙量减少,一些原本汛期淤积的区域转为汛期冲刷,特别是在建库数十年后,冲刷带逐渐下移至本河段后,这种现象更为明显,以上因素可能引起个别洲滩形态变化或者汊道分流比调整。

3.5.2 砂卵石河段水位下降趋势

(1)昌门溪水位下降幅度取决于下游枝江—江口河段河床可冲性,河段内洲滩、深泓高凸部位的稳定性及沙市水位下降后溯源冲刷发展决定着昌门溪水位下降的幅度。三峡蓄水初期,沙市枯水位至 2009 年末已下降 $0.6 \sim 0.7$ m,但芦家河出口的昌门溪水位并未变化,但需要注意的是紧临沙市的陈家湾、大埠街、马家店等位置已陆续开始出现不同程度的水位下降。由地质勘测资料基本可以形成对昌门溪以下河床组成和厚度分布的全面了解,枝江—江口河段及大埠街以下的浣市弯道河床组成中仍有较多的沙质覆盖层,具有可冲性,将来难以控制下游溯源冲刷的向上传播,近些年来枝江—江口河段内洲滩萎缩和深泓冲深所伴随的水位不断下降,表明大埠街、枝江等位置的水位仍有下降余地,枝江水位下降后昌门溪水位变化需要密切关注。

(2)陈二口水位下降幅度主要取决于芦家河浅滩的稳定性,芦家河附近段冲淤变化对上游水位起着重要影响,因而该河段内河床组成决定着将来的河床冲刷及水位下降发展趋势。根据三峡水库蓄水后及近期的地形对比,芦家河河段卵石层面高程和形态基本保持不变,尤其沙泓内抗冲性较强的毛家花屋—姚港段以及石泓内高程较高的中下段均显示了很强的稳定性,在将来的冲刷过程中,这些对水位具有关键控制作用的河段发生明显变化的可能性也不大,芦家河水道毛家花屋—姚港区间内的深泓高凸的形态特点将长期得到保持。由于芦家河河段的河床组成具有较强抗冲性,而局部冲淤又对河道控制作用影响很小,因而陈二口水位将保持基本稳定。

(3)三峡水库蓄水以来,宜昌及近坝段年际间水位变化略有波动,但各年同流量下水位降幅较小,导致宜昌水位下降的因素包括下游侵蚀基准面的高程变化及近坝段河床冲淤引起的河道形态变化(包括潜在卡口河段冲淤变化)。由于陈二口水位将保持基本稳定,对宜昌水位的影响较小。而随着冲刷发展,近坝河床粗化显著,可冲物质迅速减少,河床冲刷下切受到制约,由此导致水位下降不会很明显。因此,随着冲刷发展,宜昌水位的变化将主要取决于胭脂坝、宜都、大石坝、关洲等位置的控制节点是否稳定,蓄水后这些关键节点已有一定幅度的冲刷,且宜枝河段内挖沙较为严重,一旦挖沙等人类活动破坏了抗冲层,将使这些具有控制作用的节点河段稳定性减弱,这些节点的冲刷发展将使宜昌水位有进一步下降的空间。

3.5.3　不同河型浅滩河段发展趋势

随着三峡水库蓄水运用时间的不断推移,三峡水库蓄水对本河段航道的冲淤变化影响主要表现在两个方面:一是泥沙拦蓄引起的河床冲淤变化,二是流量调节引起的河床冲淤变化。

泥沙拦蓄方面:三峡水库的蓄水运行造成大量粗颗粒泥沙被拦在库内,下泄水流处于不饱和状态,水库下泄水流所携带的沙量少且细,将导致坝下游河道发生沿程冲刷,这种冲刷过程自上而下发展,冲刷河段不断向下游延伸。随着冲刷自上而下发展,距坝不同距离的河段冲刷幅度与特点各不相同,且随着冲刷历时延长逐步调整变化。河床冲刷纵向上体现在深槽下切,可能对缓解浅滩碍航有利;横向上体现在洲滩冲淤变化,将导致滩槽形态恶化,航道条件向不利方向发展。

流量调节方面:流量调节方面的影响是多方面的,有利也有弊。有利的方面是枯水期增加了下泄流量,对增加本河段枯水期航道水深有利,根据有关资料,在三峡175m蓄水之后,由于三峡工程枯季下泄流量增加,枯水期流量增加1000~2000m³/s,根据螺山站的水位流量关系,可抬高水位0.2~0.4m;但另一方面汛末10月水库蓄水削减下泄流量,减小了退水浅滩冲刷强度和冲刷历时却是不利因素。

客观来看,水库蓄水对下游沙质河段航道条件的影响有好有坏,随着冲刷发展,河道演变导致的航道条件变化具有阶段性,与河段所处的冲淤发展阶段对应。如前所述,三峡建库后中下游河道河型和整体河势不会发生大的变化,但局部河势可能发生明显调整,可能使得浅滩间的相互影响程度增加,给航道条件带来不利的影响。以下结合不同河型河段的演变特点,分析三峡蓄水后不同河型浅滩段的演变趋势。

(1)顺直放宽河段

三峡蓄水初期顺直河段内演变主要表现为河床总体冲刷,边滩冲刷后退,主流摆动加大、航槽冲刷移位。三峡正常蓄水后,随着冲刷发展,边滩冲刷仍将继续,主流摆动幅度可能进一步增大。而在水库蓄水期间,下泄流量减小,可能造成退水冲刷时间缩短,洪水塑造的河床形态来不及调整,水位骤降还可能引起放宽段浅滩上下深槽产生较大的横比降,冲刷动力的不足将使得河床上不能冲出明显的主槽,易切割边滩形成多个跨河槽,使得航深不足,出浅碍航。例如,随着"清水"冲刷自上而下发展,上荆江周天河段局部航槽内可能出现冲淤交替、上冲下淤的情况,枯水期,航槽的冲刷力度有所加大,上深槽和过渡段冲刷下移,与之相对应,下深槽则淤积后退;对于下荆江的两弯道间长顺直段,如铁铺水道、尺八口水道,河床呈现上冲下淤的格局,边滩冲刷下移,过渡段也随之冲刷下移,航槽摆动,对航道维护不利。

(2)弯曲河段

该类河型主要受河道弯曲放宽制约,其浅滩演变的主要特点是受弯道水流特性制约,凹冲凸淤。由于受护岸工程的影响,该类河段河势一般较为稳定,河道宽度相对较窄,凹岸深槽水深较大,只要不出现大幅度的凸岸边滩切割或撇弯现象,航道条件一般较其他河型为好,如调关、反咀、七弓岭等河段。

三峡水库蓄水后弯道段出现的冲刷明显加剧,即边滩冲刷下移,顶冲点下挫,主流随着边滩的下移而摆动,顶冲点的下挫则造成弯道段出口崩岸展宽,使河道向宽浅方向发展。如碾子湾水道、莱家铺水道等,其中碾子湾虽然经过整治后河势格局得到了控制,航道条件有所好转,但受三峡蓄水影响,边滩冲刷、切割,顶冲点不断下移,过渡段主流不稳;而莱家铺水道弯顶以下左岸高滩岸线存在比较严重的崩退现象河道近期表现为持续展宽,航槽淤积,河道趋于宽浅。

(3)分汊河段

三峡正常蓄水后,冲刷逐步向下游发展,荆江及以下沙质河段内的分汊河道江心洲(或心滩)头部和左右缘冲刷尾部淤积下延的势态仍将继续;由于含沙量大幅度减小,主支汊均将处于冲刷发展过程,但分流比的变化则取决于主支汊冲刷发展幅度和滩形变化特点;分流区的放宽段是冲刷较弱甚至淤积的河段,即使在近几年来径流量不大的情况下,部分河段仍然出现了滩槽皆淤的现象,这说明放宽段汛期淤积的规律在蓄水后仍然未得到改变。在下荆江及其下游造床质沙量仍能得到恢复,而断面宽度有所冲刷扩大的情况下,汛后浅滩段的走沙条件必然有所恶化。此外,当三峡水库进入175m运行期之后,汛后退水加快,浅滩冲刷期明显缩短,而江心洲滩头部进一步冲刷后,导致分汊放宽段更趋宽浅,滩槽形态恶化导致退水期流路摆动幅度增大,极可能出现汛后出浅现象,需要密切关注。

3.6 本章小结

(1)以新水沙条件下的冲刷发展特点为主要标准,同时结合考虑河段组成特性及平面形态特点,将长江中游航道依次划分为:宜昌—大埠街、上荆江(大埠街以下)、下荆江、城汉河段作为典型长河段分别进行系统研究。

（2）近坝的砂卵石河段,水沙条件变化后对航道的影响主要体现在河床冲淤调整与宜昌水位变化关系上,沿程具有控制作用的卡口河段在抑制水位下降向上传递、维持宜昌水位基本稳定方面发挥着重要作用,随着三峡蓄水历时延长,具有控制作用的卡口河段的稳定将成为宜昌水位下降与否的关键。

（3）水沙条件变化后,上荆江河段冲刷剧烈,洲滩冲刷、岸线崩退、支汉冲刷,滩槽格局演变剧烈,局部河道向宽浅方向发展,主流摆动空间增大,在分汉口门、弯道段及两弯道之间的长直或放宽过渡段的航槽不稳定性加大,易造成浅滩水深不足。

（4）水沙条件变化后,下荆江蜿蜒河段由于粗沙输沙量已经恢复到相当水平,枯水河槽冲刷较弱,顺直过渡段边滩冲淤仍较为明显,主流随着边滩的下移而摆动,顶冲点的下挫则造成弯道段出口崩岸展宽,使河道向宽浅方向发展;而弯道段凸岸边滩受冲切割,形成串沟,若冲刷持续发展,则有裁弯取直的发展趋势,对航槽及河势的稳定极为不利。

（5）除少数几个窄深且较为稳定的单一河段削弱了上下游的联系外,荆江河段整体上下游演变关联性较高。上荆江分汉河段,主支汉水动力的兴衰,导致进入其下游河道的主流动力轴线发生或多或少的变化,进而影响着下游河道的演变发展方向;顺直放宽段随着边滩位置及范围的变化,导致进入下游河道的主流发生摆动;下荆江弯曲河段由于弯道间的过渡连接段较短,上弯道凸岸边滩冲刷切割、弯顶主流和深泓的摆动导致下弯道相应发生调整。

第4章 长江中游典型长河段航道整治原则

4.1 河道形态与航道条件的关系

从河床演变分析来看,河道形态对航道条件起着至关重要的作用,在航道整治工程中,首先需要针对拟整治水道的河型,确定预期的河道形态。如在长江中游戴家洲河段航道整治研究时,对左汊(即圆港)为通航主汊道方案的整治预期的河道形态选为2006年2月测图所表达的河床洲滩布局,右汊即直港为通航主汊道方案的预期河道形态选为1998年3月测图所表达的河床洲滩布局,并根据目前河道地形同预期河道形态存在的差距,确定实现预期河道形态型的工程设置,最终取得较好的工程效果。

下面针对长江中游出现的三种河型,分别说明不同河型的河道形态与航道条件之间的关系。

4.1.1 顺直河型

铁铺水道上起四十丈、下迄新堤子,全长12km,是衔接洪水港弯道、反咀弯道的长顺直过渡段。

三峡蓄水以前广兴洲边滩相对高大完整,过渡段航道条件较好,三峡蓄水以来过渡段河槽趋于宽浅,浅滩冲刷难度增加,但滩面刷低的同时深槽右侧河床不断淤积,至2007年10月上下深槽交错,3.5m水深对应宽度仅100m左右,航道条件已出现恶化(图4-1)。

4.1.2 弯曲河型

瓦口子水道平面形态为两头窄中间放宽的弯曲河型,该水道很不稳定,以深泓频繁摆动、洲滩往复性淤长与切割为主要演变特征,枯水期航槽频繁改道。当右槽发展时,易在瓦口子水道的进口、出口或放宽段存在浅滩,遇退水来不及冲刷时易出浅碍航(如1995年,参见图4-2)。若主泓位于左槽,野鸭洲边滩发育与金城洲连为一体时,航道及港区条件均较好,河道形态有利于航道条件(例如1980年,参见图4-2)。

4.1.3 分汊河型

窑监河段位于长江中游的下荆江河段,属弯曲分汊河型,20世纪60年代乌龟夹开始形成,乌龟洲右侧在水流的作用下,逐年大幅度崩退和剥蚀。1974年,乌龟洲头切割形成新槽。此后,乌龟夹迅速发展,并于1972年夏季辟为主航道,而监利左汊则进一步萎缩。到1973年乌龟洲已淤积与左岸相连,左汊枯水期基本断流,乌龟夹成为主汊,参见图4-3。

1975年汛后退水过程持续时间较长,新槽迅速冲刷发展、北移,同时乌龟洲继续崩退。到1975年枯水期,主流摆回左汊,但乌龟夹仍保持着一定的分流比,形成了两汊争流、相持局面,参见图4-3。

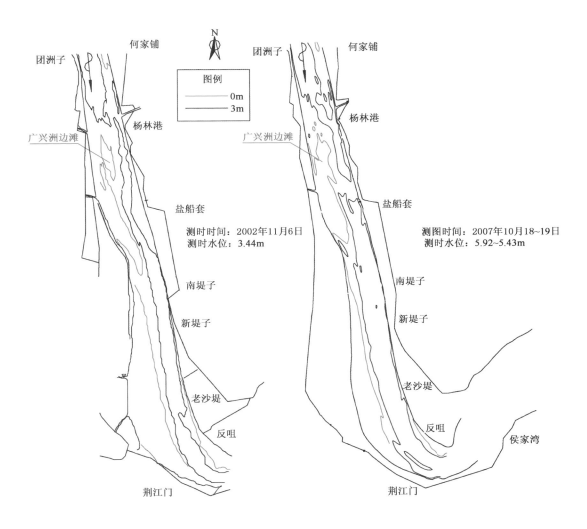

图 4-1　铁铺水道河势变化比较图

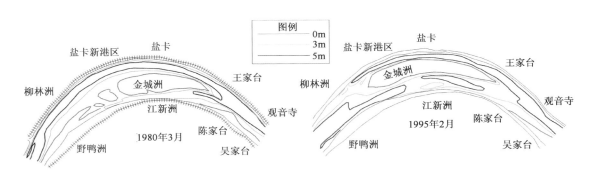

图 4-2　瓦口子水道河势变化比较图

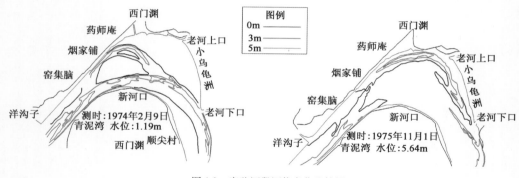

图4-3 窑监河段河势变化比较图

4.2 航道整治时机研究

长江中游的河流受上游来水来沙的变化,河道中的洲滩也不断变化,对于航道整治工程来说,有利时机稍纵即逝。由于不同的洲滩布局将对航道通航条件产生不同的影响,因此,对于航道整治工程而言,利用河道演变过程中,对航道的通航条件有利的洲滩布局(即,有利时机)进行航道整治,是实现整治目标的有效手段。

自三峡水库蓄水运用以来,整个坝下游河床处于调整期,经相关单位数模计算结果得到,该调整期将会是相当长一段时间,在该阶段不适合进行一步到位的航道整治工程,但是目前许多重点水道的航道条件已向不利趋势变化,碍航问题又十分突出,亟须采取控制措施,随着三峡蓄水运用时间推移,来沙减少,洲滩进一步冲蚀萎缩并且难以恢复,因此,为了遏制三峡工程蓄水运用后各重点水道的航道条件向不利方向发展,需要对现有对航道条件有利的洲滩进行守护,同时,也为今后河床达到平衡后实施后续整治工程奠定重要基础。

航道整治的实施自然应该存在一个有利的时机,下面针对顺直、弯曲、分汊三种河型,分析各种河型的有利整治时机。

4.2.1 顺直河道的整治时机

以铁铺水道为例,该河段自2003年以来,广兴洲边滩上冲下淤且冲刷部位不断下移,至2010年12月,边滩主体位置较下、滩头滩体基本冲散,伴随着边滩的大幅冲刷,主流摆动增强,局部深槽发生不同程度及范围的淤积,河床的不利调整逐渐明显。同时,何家铺边滩为洪水港弯道凸岸边滩的下段,近期边滩滩尾总体上有所上提,其中,2003~2010年,何家铺边滩尾部、广兴洲边滩头部之间的距离增加1.1km,这一变化对过渡段水流集中冲槽不利,至2010年12月上下深槽交错,航道条件出现恶化。通过河床演变分析,对于铁铺水道而言,河道两岸的上下边滩的高大完整是枯水航槽位置稳定、浅滩冲刷的有力保证,同时也是保障良好航道条件的重要因素。

由此分析,一般对于顺直河道而言,当两岸的上下边滩均高大完整时,航道条件良好,当任一边滩冲刷下移时,航道条件逐渐趋于不利。对该类河道而言,当两岸边滩高大完整时,只对边滩进行守护即可以保证良好的航道条件,当任一边滩下移后再进行航道整治,则需要较强的工程措施,促使其在已经下移的边滩在原位置形成高大完整的边滩,这样将花费大量的时间和费用,同时其整治效果也不一定得到保证。因此,为保证航道条件较好,对该类河道有两种最为有利的整治时机：①河道两岸的边滩均高大完整，这时是该河段最有利的整治时机；②两岸的边滩有一个高大完整，对该边滩而言，此时即为有利的整治时机，而对另一边滩而言则不是有利的整治时机，当另一边滩逐渐演变至高大完整时，为另一边滩的有利整治时机。

4.2.2　弯曲河道的整治时机

以瓦口子水道为例，由于金城洲滩体年际间变化较大，主要以凸岸边滩、斜跨江心的洲滩、不完整江心滩、完整江心滩四种形态交替出现，河床很不稳定，深泓在河道内频繁摆动，随着河床形态的不同，瓦口子水道浅滩形态各异，航道条件变化明显。

当金城洲洲头与右岸野鸭洲边滩相连，以凸岸边滩形态出现时，此种滩型右槽为倒套河槽，枯季汊道不发育，主流的深泓位于左槽，此时航槽单一，水流集中，一般不会出现浅滩；当金城洲为斜跨江心的洲滩形态，洲尾与右岸新四号边滩相连，此种滩型右槽有所发育，并以窜沟形式存在，但主流的深泓位于左槽，此时浅滩开始发育，但未成形，因此不会出现碍航现象；当金城洲枯季呈不完整江心滩形态，洲中或有窜沟，此种情况瓦口子水道呈微弯分汊形态，左右槽道相互争流，但右槽发育不及左槽，左槽仍为主航道，此时，易在左槽进、出口处形成浅滩，形成较严重的碍航状况；当金城洲为独立完整的江心洲形态且偏靠左岸时，金城洲汊道河段呈枯水分汊河床形态，此时左汊（槽）淤积，航宽水深不足，右汊（槽）枯季充分发育，浅滩一般位于进口和中段，碍航情况严重。因此，金城洲滩体的位置对该河段的航道条件的影响很大，随着金城洲滩体由凹岸向凸岸不断的变动，航道条件逐渐变好。

由上述分析可知，一般来说，对于弯曲河道凹岸边界条件比较稳定的情况下，当弯道中滩体依附于凸岸时，航道条件较好。因此，此时为弯曲航道有利的整治时机，应控制已依附于凸岸的滩体再次向凹岸方向的转变。

4.2.3　分汊河道的整治时机

以窑监河段为例，主支汊转换过程来看，伴随着左岸的崩退、乌龟洲的发展、和切割以及河段主流的摆动，窑监河段主支汊转换遵循周期性的规律：右汊新生—断面扩大—深泓线左移—流路弯曲增长—右汊衰亡—新的右汊再生，如此周而复始，但分汊河段的形式始终保持不变。

在主支汊相互转换过程中，往往在各汊道的进口附近产生浅滩，而该浅滩的存在及形态对航道条件产生不同程度的影响。该水道自 1995 年汛后乌龟夹发展为主航道以来，主流由上深槽而下直接进入乌龟夹，汛后退水初期在乌龟夹进口形成正常浅滩，随着水位的下降，一般靠自然冲刷均能满足通航要求。但从 2000 年以来，汛期高水位持续时间较长，乌龟洲头和右缘受高水位的顶冲不断崩塌后退，乌龟洲头出现心滩，使乌龟夹不断扩展，泥沙大量淤积在口门，形成散乱型浅滩，自然水深严重不足，碍航十分严重。通过河床演变可以看出，窑监河段的碍航情况主要是由于乌龟洲洲头及右缘的冲刷后退，汊道进口形成散乱、交错及复式浅滩而引起的。因此，如何防止该河段乌龟洲洲头及右缘的冲刷后退问题是解决该河段碍航问题的重要所在。

对于一般分汊河道而言，当江心洲的洲体一般较为高大完整（特别是洲头心滩较为高大且位置较为稳定），束水作用较强，水流集中冲槽，航道形势较好，汛后基本不会出现碍航现象;当江心洲的洲体高程较低(特别是洲头的冲刷崩退以及洲头心滩的冲刷降低、滩体位置的不稳定),束水作用较弱,水流分散,容易出现多槽争流的局面,此时航道形势较差,汛后将会出浅碍航。因此,对于分汊河道而言,在江心洲的洲体较为高大完整时,及时对江心洲进行守护是该河段最有利的整治时机,而在洲体高程相对较低时进行航道整治,往往是事倍功半。

综上所述,在河床演变趋势预测分析的基础上,选择对航道条件有利的滩槽格局进行整治将会达到事半功倍的效果。

4.3 新水沙条件下长江中游典型河段航道整治原则研究

4.3.1 新水沙条件下长江中游典型河段航道整治面临的新问题

(1)宜昌及砂卵石河段水位下降

三峡蓄水以来,受到砂卵石河段河床粗化糙率增加以及局部节点河段壅水等多种因素的影响,宜昌枯水位在2009年以前基本保持稳定,但随着下游沙质河床的进一步冲刷水位下降及局部具有控制作用的卡口河段受到冲刷而稳定性减弱,宜昌枯水位在2009~2010年又有较大幅度的下降,河床沿程冲刷引起的水位下降问题已日趋严峻。

(2)河道边界的不稳定性加剧

近年来岸线变化部位多在两弯道顶冲段间的过渡段边滩,其中有的位于凹岸顶冲段上、下游;有的则位于凸岸边滩,这些地段岸线变化多是由于近期左右汊分流比有较大变化引起的。这些边滩大多未实施守护或零星少量守护,岸线的崩退在三峡工程蓄水前均已显现。而两弯道间的二(多)次过渡段,如南五洲、茅林口、古长堤、盐船套岸线也是未有守护或零星有少量守护,近几年均有不同程度的崩退。三峡工程蓄水运用后,河道边界的不稳定性有所加剧,崩岸不仅发生在未护岸段,已护岸段同样发生了崩岸,如石首河弯向家洲护岸段、监利河段的团结闸护岸段均发生了较大规模的崩岸。

(3)洲滩退蚀,滩槽格局变化

在未来上游来沙进一步减少的条件下,河道侧蚀的不利变化趋势还将深入发展,低滩加速萎缩,高滩加速崩退,洲滩迅速冲刷导致主流也相应摆动,一些河段的侧蚀速度还将大大加快。随着河道侧蚀展宽,主流摆动空间加大,水流难于集中稳定冲槽,航道条件将日趋恶化。随着175m蓄水的实施,清水下泄造成的水位下降、滩槽格局破坏等不利变化还将深化发展。在目前的水沙条件下,河段内各水道的不利变化逐渐累积,随时可能引发滩槽格局与航道条件的突然恶化,滩槽格局一旦破坏,自然恢复的可能性极低,治理难度和成本将成倍增加。所以,对荆江河段中不满足规划要求的水道及时实施整治十分必要,同时对于目前航道条件尚好,但洲滩出现不利变化的水道实施整治也是十分紧迫的。

(4)上下游河势相互影响

三峡蓄水后,下游河道冲淤演变剧烈程度沿程减弱,而不同河型河段对三峡蓄水影响的反映也存在差异,由于上下游河段之间演变具有关联性,相邻河段平顺衔接的河势可能发生相应的调整。相邻河段演变的关联性包括两个方面,其一是水流特性相关联,其二是洲滩演变相关联。在荆江河段大埠街以上的砂卵石河段,这种关联性表现为前者,主要是枯水水位变化的沿程传递;而在大埠街以下的沙质河段,关联性则主要表现为后者,即上下游河段洲滩演变的相互影响,初步分析认为,虽然大埠街以下节点甚少,但杨家厂、塔市驿两处长窄深河段仍起到了限制上下游影响的作用。

4.3.2　新水沙条件下长江中游典型河段航道整治原则

根据三峡等水利工程实施后出现的新的水沙条件及新水沙条件下长江中游航道演变规律及趋势分析,依托长江航道整治工程实施效果及经验,结合航道治理目标、河势控制规划及外部环境,确定新水沙条件下长江中游宜昌至武汉河段总的航道整治原则为:

①因势利导。充分利用河道有利条件和稳定的河势格局,遵循水流泥沙的运动规律和本河段的演变特点,对航道条件影响不利的因素进行必要控制或调整,引导河道向有利的方面变化。

②统筹兼顾。紧密结合水利部门河道治理规划,依托已实施的长江河势控制工程和已建的航道整治工程,充分考虑对防洪、水利、港口码头、生态环境等各方面的影响及两岸经济发展的需要,合理布置工程。

③稳定滩槽。根据河道滩槽易变的特点,对有利的河岸、洲滩形态采用守护工程予以稳定,遏制不利的变化,保持稳定滩槽格局。

④适当调整。对个别变化剧烈、航道条件不能满足规划要求的浅水道,采取低水整治建筑物,适当调整水流结构,引导水流冲刷浅区,提高浅滩水深,改善航道条件。

⑤系统整治。根据本河段各水道之间河床演变的内在联系,分别将关联性较强的上下游水道作为整体进行系统治理。

⑥充分利用新的水沙条件。三峡水库蓄水运用后,长江中游含沙量大幅度减小,水流挟沙力有所增强,沿程冲刷正逐步向下游发展。在该河段航道整治过程中,应充分利用清水下泄冲刷航槽及部分对航道不利的洲滩。

⑦动态管理。由于目前三峡水库下游冲刷发展规律还不是很成熟,对航道发展定性上能够把握,但定量上难以保证准确无误,因此,在航道整治过程中,要视工程实施效果及河床演变发展的新的趋势,适时进行方案调整及后续工程的实施。

同时由于各河段有着不同的河道特性及演变特点,各典型长河段应该采用不同的整治原则:

(1)砂卵石河段整治原则

三峡水库蓄水后,蓄水拦沙引起近坝砂卵石河段(宜昌—大埠街)河床冲刷,随着河床冲刷,本河段内宜都、芦家河等浅滩的淤积碍航问题基本得到消除,但同时也带来了新的航道问题。在河床冲刷过程中,一方面控制性节点(如胭脂坝、宜都、大石坝、关洲、芦家河等)的冲刷会使宜昌枯水位下降,从而影响葛洲坝船闸下引航道的正常运行,另一方面沿程的不均匀冲刷造成了水位的不均匀下降,又在芦家河水道局部范围内形成坡陡流急的碍航局面,并且坡陡流急现象会随着昌门溪以下水位降幅的逐渐加大和溯源传递而逐渐加重,亟须实施整治,但若对坡陡流急局面实施治理,又可能会破坏关键节点对宜昌水位的控制作用。

因此,本河段航道治理既要缓解或消除局部"坡陡、流急、水浅"现象,又要维持宜昌枯水位的稳定,围绕这两方面的问题,根据河床抗冲性和水位下降规律的不同,提出本河段整治原则为:

①加强节点控制,抑制水位下降。

对于整个宜昌至昌门溪河段,需通过工程措施,维护或加强芦家河水道以上各节点的水位控制作用,并削弱芦家河水道整治对宜昌水位下降的影响。

②分散水位落差,消除坡陡流急。

对于芦家河河段,通过局部挖槽措施,降低河床高程,分散比降,消除局部坡陡流急,同时修筑隔流堤,消除横流,稳定主流,改善航道条件,同时在方案研究中要特别考虑工程对宜昌水位的影响。

(2)上荆江河段整治原则

上荆江微弯分汊河段,水沙条件变化后,河段内洲滩冲淤最为剧烈,尤以沙市河段变化最为剧烈,河段内洲滩普遍冲刷,岸线高滩崩塌严重,滩槽格局演变剧烈。洲滩冲刷将导致局部河段向宽浅发展,同时引发上下游河段主流摆动空间加大,对航道稳定极为不利。针对上荆江河段的演变特点,提出有针对性的整治原则为:

①抓住有利时机,控制滩槽形态,塑造有利河道形态。

即分析河势格局,找出对河道有利的洲滩及河槽,充分利用这种有利的滩槽形态,并加以控制,让河势在控制当中变化,为塑造完美的河道形态奠定基础。具体分为两种情况:

a.对目前航道条件好,但有向不利方向变化趋势的水道,应抓住有利时机,及时采取控制性工程措施,引导水沙向有利于航道条件改善的方向发展,避免丧失建设条件;

b.对目前碍航严重的卡口河段,除疏浚外,采取部分引导性工程措施,缓解航道维护困难的紧张局面,并为下一步总体整治奠定基础。

②合理选择汊道,塑造平顺衔接的航槽走势。

对于主汊分流比相差明显的汊道河道,应以维持目前主汊地位及现有航路,遏制支汊发展为整治目标;对与近期主支汊分流比接近的汊道(主要有太平口心滩南北槽和三八滩南北汊),应根据近期汊道的演变特点及趋势,选择处于发展中、便于维护的汊道作为主航槽。同时,工程方案研究过程中,要充分考虑上下游河段之间相互联系与制约的关系,通过洲滩守护与汊道控制措施,塑造上下游平顺衔接的航槽走势。

③合理利用"清水"冲刷的有利条件,归顺水流冲刷航槽。

上荆江河段枯水河槽滩槽均表现为冲刷,断面宽深比总体趋于减小,深泓纵剖面整体呈下切,航槽存在进一步冲刷的动力,通过对关键洲滩的守护控制后,归顺水流集中冲刷航槽,有利于航道尺度的进一步增加。

(3)下荆江河段整治原则

下荆江蜿蜒河段,水沙条件变化后,由于粗沙输沙量已经恢复到相当水平,枯水河槽冲刷较弱,顺直过渡段边滩冲淤仍较为明显,主流随着边滩的下移而摆动,顶冲点的下挫则造成弯道段出口崩岸展宽,使河道向宽浅方向发展;而弯道段凸岸边滩受冲切割,形成串沟,若冲刷持续发展,则有裁弯取直的发展趋势,对航槽及河势的稳定极为不利。针对下荆江河段的演变特点,提出有针对性的整治原则为:

①保护岸线稳定,控制河势变化。

该段主要以弯曲型河道为主,且弯曲半径较小,弯道顶冲点的下挫则造成弯道段出口崩岸展宽,主流摆动范围加大,河势较不稳定,相应航道条件难以稳定,针对这种情况,需要采取工程措施守护部分重点岸线,控制河势变化。

②稳定过渡段边滩,限制主流摆动。

蓄水后,处于两弯道间的长顺直过渡段内边滩逐渐冲刷明显,河槽向宽浅方向发展。针对这种变化特点,需要根据顺直段内滩槽格局及断面形态特点,适时守护边滩,塑造有利的滩槽格局。

③遏制凸岸边滩冲刷、切割,稳定弯道主流。

蓄水以来,弯道段凸岸边滩以冲刷为主,主流摆动幅度加大且向凸岸侧摆动,而河心淤积,一些年份出现枯水双槽局面。针对这种变化特点,需要通过工程措施,守护凸岸边滩,稳定主流流路,防止凸岸切滩而出现"一弯变,弯弯变"的不利局面。

第5章　整治建筑物适应性

5.1　整治建筑物的种类及结构形式

5.1.1　常见整治建筑物种类

航道整治建筑物一般包括丁(顺)坝、护滩(底)和护岸等,其结构形式多种多样。

丁坝是河道整治与航道整治建筑物中最常用的一种,是一端与河岸相连、另一端伸向河槽的坝形建筑物,在平面上与河岸连接成丁字形。在治河工程中,丁坝通过挑流、导流以保护河岸免受冲刷;在航道整治工程中,则通过束窄河槽、束水攻沙而满足航深。丁坝的种类很多,按平面形状分类有直线形、勾头形和丁字形等。就构筑丁坝的材料而言,整治工程中最常用的是块石类丁坝,包括混凝土丁坝、铁丝蛇笼丁坝、抛石丁坝和复合式丁坝等。

河道设置丁坝后,河槽束窄,过水面积减小,流速加大,冲深原有床面,从而达到航道整治工程"束水攻沙"效果。主槽冲深的同时,在坝头附近,水流受挤压,绕过丁坝的水流与丁坝迎流面下潜流相互作用在床面形成一连串旋涡,同时也形成了强紊流带,导致坝头下游局部冲刷,冲深最大可达数十米,危及坝体的稳定。

现有的护滩结构大致可以分为三大类:第一类是散抛块体护滩,即在滩面上散抛50～80cm的块石进行护滩。第二类是坝体护滩,通过建设坝体(坝体群)达到护滩的效果,坝体形式有丁坝、顺坝、鱼骨坝等,其中丁坝、顺坝主要用于守护边滩,鱼骨坝主要用于守护心滩。第三类是软体排护滩——护滩带,针对历史上曾经出现过较为严重的碍航现象的水道,目前正处于演变周期中河势条件较好、洲滩较为高大完整的有利时机,采用软体排护滩这样一种新型整治建筑物结构形式将有利的滩槽形态加以稳定。工程实践中使用的软体排护滩包括散体压载软体排(土工布护底、块石压载)、系结压载软体排(X型系混凝土块软体排、CSB软体排、系沙袋软体排)、连锁块压载软体排(混凝土连锁块软体排、混凝土块穿绳排、CSB块穿绳排)和铰接混凝土块软体排(铰链排)。第一类压载与排垫完全分离;第二类压载排垫连接,压载体完全由排垫牵引;第三类压载体自身连接在一起,压载与排垫有所连接;第四类为混凝土块通过钢筋直接连接,下面不铺设排布。

护岸是保护岸坡、防止波浪水流侵蚀的整治工程。主要有两种形式,一种是直接使用抛石或砌石等防护材料,加固岸坡、坡脚;另一种是利用整治建筑物改变水流方向或消除波浪能量,如修建丁坝、潜坝、顺坝等。护岸工程根据防护位置不同可以分为水上护坡工程和水下护脚工程。护坡工程的形式很多,主要有块石护坡、混凝土护坡、模袋混凝土护坡、土壤固化护坡、天然植被护坡等几类。水下护脚工程位于水下,经常受水流的冲击和淘刷,需要适应水下岸坡和河床的变化,所以需采用具有柔性结构的防护形式,常采用的有抛石护脚、石笼护脚、沉枕护脚、铰链混凝土板沉排、铰链混凝土板—聚酯纤维布沉排、铰链式模袋混凝土沉排、各种土工织物软体沉排护脚等工程形式。

5.1.2　研究区域主要整治建筑物结构

长江中游碾子湾水道地处下荆江上首,位于湖北省石首市境内,上起鱼尾洲下至毕家台,全长 17km,历史上曾 5 次发生自然裁弯或撇弯切滩,航道极不稳定,一直以来都是长江中游航道维护的重点水道之一。碾子湾水道航道工程主要建筑物结构形式为:丁坝工程采用聚丙烯编织布系混凝土块软体排(D 型)护底,坝体为块石堆积体;护岸采用 D 型排护底,抛枕、抛石镇脚,坡面为无纺布,碎石反滤层上铺块石平顺守护;护滩带为干滩铺聚丙烯编织布系混凝土块软体排(X 型)。

5.2　整治建筑物水毁原因分析

航道整治建筑属于浅基建筑物,易发生水毁破坏。整治建筑物边界突变处往往水流结构复杂,脉动加强,若此处防冲能力较差,则极有可能发生破坏,而一旦形成破坏,此处的水流条件则更进一步恶化,很容易产生连锁反应,导致建筑物的大规模水毁。长江干流水深流急,加上三峡水库清水下泄的影响,上游来水来沙及河床变化较大,整治建筑物水毁原因,主要有动力因素、结构设计因素、人类活动因素、维护管理因素四个方面。

航道整治建筑物的种类有许多种,其水毁的形态和类型多种多样,但就其实质都是由于防护体失稳破坏所致,要理清建筑物水毁的原因也就是要查明这些防护体遭受水毁破坏的原因。本项目选择整治丁坝的稳定性进行研究,主要有两个原因,第一,整治丁坝是航道整治建筑物中最为常见、应用最广,却又最易损毁的建筑物,分析其水毁机制、提出新型稳定结构可以直接面向工程实际需求;第二,整治丁坝包含护面、护底两部分,这两种防护结构问题解决了,也就基本解决了护岸、护滩等结构物稳定性问题。

5.2.1　整治建筑物的水毁形式

通过对长江中游整治建筑物的调查发现,散抛石坝的损坏形式多种多样。整治建筑物基本的水毁形式可大致分为两类:直接损毁和间接损毁。直接损毁主要是由于散抛石坝护面块石粒径偏小,稳定重量不足所致,在受到较强水流或漂浮物强烈冲击时,由于坝体表面块石重量不够而逐渐被水流冲移,形成缺口,继而扩大冲深,最终导致坝体的损毁。显然,在直接损毁的形式中,散抛石坝的稳定性主要取决于其表层块石的抗冲性,可以归结为特殊条件下的块石起动问题。间接损毁主要起因于整治建筑物周边基础破坏,如一些散抛石坝经常会由于坝基(多为砂石)处理不当或者受到冲刷,在水流的长时间作用下被淘空,使坝体外侧失去支撑或坝根衔接处形成缺口,从而在其自身重力作用下发生局部或整体崩塌,导致坝体损毁。间接水毁取决于建筑物周边水流条件及河床边界的抗冲能力。由于基础淘刷而引起的整治建筑物间接水毁最为普遍,几乎占全部丁坝水毁形态的80%以上。

5.2.2　整治建筑物水毁原因分析

(1)动力因素

①急流顶冲。凡地处中洪水主流顶冲点上的整治建筑物,在汛期承受着很大的冲击力,在着力点处,局部集中冲刷是建筑物水毁的主要动力。观察显示,顶冲点处,中洪水行进流速可达 3~4m/s,因而结构松散的抛石建筑极易被流水逐个剥落,导致溃缺的发生。观察发现,水毁过程先是坝顶顶面出现单个或多个缺口剥落流失,形成小缺口,之后,缺口扩散冲

深,坝体断裂,水毁越来越严重。溃缺处,坡降陡、水流急、流态乱、滩势恶化。

②横向环流的侧向侵蚀导流顺坝、堵顺坝、封弯顺坝前沿,因受弯道水流的侧向扫刷,迎水坡前产生一股较强的横向环流(主要是中水傍蚀,次为低水),这股横向环流将坝基(多为砂卵石)前脚淘空,致使坝体外侧失去支撑,导致砌体在自身重力作用下,失去平衡而塌陷。

③横向流冲刷汊道进出口和急弯河道进口是横向流发育的河段。修建在汊道分流口的洲头坝和急弯河道的堵口坝,其坝身承受着较强的横向流冲刷。横比降是横向流的动力条件,横比降越大,分流量越大,坝体承受的冲击力越强,破坏力亦大。

④丁坝、锁坝、堵顺坝迎背水坡前后水位差值较大,一般为 1～3m。中水期坝后流速大、冲刷力强,坝后背坡块石常被急流剥落,坝基基脚常被水流淘空,失去支撑,给坝体稳定带来威胁。

⑤由风、洪水、船只等形成的波浪,对建筑物产生巨大的拍击力,使建筑物结构的稳定性受到较大的影响。

（2）人类活动因素

挖沙船常在建筑物的坝根和坝基处挖沙,或在整治建筑物附近河道采沙。致使坝体松动,整体性破坏,给建筑物的安全留下隐患。

（3）结构设计因素

①地处在急流顶冲点上的坝体和护脚棱体,因断面尺寸偏小,导致工程水毁。

②坝位布置不当。实践表明,凡布置在汊道内的锁坝,建成后上下水位差大、受力大、稳定性极差。凡布置在中洪水主流线上的丁坝、顺坝,因承受局部集中冲刷,在顶冲点处极易水毁。

③坝根位置偏低。坝轴(坝根段)与上游来水交角偏大,水流顶冲力相对增大。

④坝根与自然河岸岸坡连接处常因纵坡偏缓,而使坝根顶部溢流时间提前,此时坝下无水垫消能,导致后坡冲刷,引起水毁。

⑤整治建筑物大多为抛石筑成,结构松散,整体性差,渗漏量大。在急流冲击下,块石容易逐个逐层剥落,最后解体。

⑥建筑石料强度低,耐磨性差,易风化水解。

（4）维护管理差

近年来,由于航道维护经费紧缺,不少整治建筑物因维修不及时,致使建筑物毁损。

5.3　整治建筑物适应性分析

长江航道整治工程中普遍采用系结混凝土块压载软体排护滩,护滩带护滩后,滩体冲刷量大部分得到控制。但是受水流条件、河床组成、护滩带平面布置、自身结构及施工工艺等的影响,护滩带边缘经常出现蛰陷、悬挂、空架,护滩面出现鼓包或者塌陷现象,严重的还会使排垫撕裂、块体脱落,护滩带破坏。目前长江航道整治主要采用的消能促淤结构形式为四面六边透水框架。

混凝土四面六边透水框架作为一种新型护岸工程技术,因其能够使得岸边水流平稳过渡,不会对堤防岸滩的稳定和安全造成破坏性影响,能够最大限度地减少对原有环境和地形的影响和破坏,能够使水流经过四面六边透水框架群后的流速小于泥沙的沉降速度进而促进水体中泥沙的淤积沉淀等特性,在河道整治、消力池、桥墩防冲、护岸及抢险等工程中得到广泛应用。四面六边透水框架由六根长度相等的预制钢筋混凝土框杆相互连接组成,呈三棱锥。

四面六边透水框架是一种减速促淤的新型整治建筑物,自身稳定性好、透水,与传统护岸固滩技术相比,四面六边透水框架能有效地避免实体护岸固滩工程基础容易被淘刷而影响自身稳定的问题,且适应河床地形变化能力强,不需要地基处理,适合任何地形变化。四面六边透水框架群作为一种新型护岸固滩技术,通过落淤造滩,达到护岸固滩的目的,减速落淤效果十分明显。同时,四面六边透水框架便于工厂化大批量生产,施工简单,成本低,是一种较好的消能固滩新技术。从生态方面讲,框架群在护岸的同时,最大限度地减少对原生态系统的影响,尽可能地保持局部原生态系统的连续性和完整性。

四面体透水框架群护岸工程在不同的来水来沙条件下,均对工程区具有明显的减速促淤作用,其淤厚取决于上游来水来沙的多少,特大洪水来水来沙多,相应的淤厚也最大,反之,淤厚较小。

四面六边透水框架减速率与框架群架空率、长宽比、抛投长度、抛投间隔、布设密度等因素有关。相关研究表明:当架空率为 4 ~ 5.5,长宽比为 15 ~ 18 时,减速率变化比较平缓,减速促淤效果较好。在架空率为 4.8,长宽比为 16 时,框架群的减速促淤效果最好;框架群抛投长度 $L = 10m$ 和间隔长度 $\Delta L = 10m$ 是框架群长度和间隔长度共同影响框架群减速效果的分界点,是框架群护岸中减速效果性价比最高的一个组合,此时减速率在 0.6 左右。在实际工程中,施工单位可按自己的减速率要求在此基础上自选框架群长度和间隔长度,若减速率需大于 0.6,则框架群长度应大于 10m,间隔长度应小于 10m,而当减速率小于 0.6 时,则相反。研究表明单个透水框架很难起到减速落淤作用,实际应用时都是成群布设,框架布设的密疏度直接影响到减速落淤效果,随着布置密度的增加,防冲效果也越显著。特别是在桥墩局部冲刷防护试验中,随着四面体透水框架群整体布设密度的增加,其防护效果也呈线性递增趋势,但当布设密度超过某一固定值后,防护效果随密度的增加变化的幅度并不是很大。通过透水框架减速率影响因素的不同组合,透水框架群减速率可达30% ~ 70%。

李若华等通过理论分析、水槽试验研究了低淹没流动下穿越有序密集排列透水框架群水流的阻力特性。当框架群高度一定时,随着水深的增加,阻力系数逐渐减小,当水深增大到 0.36 倍框架群高度后,阻力系数变化缓慢。周根娣等人对四面透水框架尾流场水力特性进行研究表明,在一定的流动条件下,四面体框架对水流的阻力作用存在一个极大值,并且当水流速度进一步增大时,四面体框架对水流的阻力不再变化。同时也说明属于透水材料的四面六边透水框架,抛入防护部位后,由于水流通过多个框架杆件消能,降低了水流的流速,从而保护河床不被冲刷,且良好的透水性能使自身受行近水流的作用力小,从而取得较好的抗滑和抗翻滚的稳定性。李若华等通过对穿越透水框架群水流阻力系数的变化规律的研究,建立了阻力系数与透水框架群等效曼宁糙率系数的转换关系,拟合出糙率的经验计算公式。

周根娣等通过实体与框架结构的比较,表明在绕流场近区即框架群下游 3 倍水深范围内,实体要比框架削减更多的流速。并且实体出现了回流(负流速)。但是到了远区即框架群下游 3 倍水深范围外,框架却比实体削减更多些的流速,而且实体水流恢复要比框架快,说明在中心面内,虽然框架比实体在尾流场近区对水流的衰减作用弱,但是框架对水流的衰减作用更"温和"(无回流),相应的减阻区域更大,向下游延伸更远。对称面内绕流体对水流紊动强度的影响范围为 1.2 倍的绕流体高度,实体紊动强度要明显高于框架的紊动强度,说明实绕流体由于一种更剧烈的方式衰减流速,从而更容易导致局部冲刷的发生。因此采用框架防护形式的水工措施,在大多数水流条件下,反而能起到减速促淤的良好防护效果。绕流体影响展向 1.5 倍框架群长度范围内的水流,展向水力要素变化具有与纵向类似的特性。

四面六边透水框架因其六边首尾相连,勾连能力较差,容易分散;又因其具有阻水和透水的双重特性,随着四面体透水框架群杆件体积率的增大,其透水能力减小,阻水能力增大,框架群的阻水能力增强会导致防护带周围与床沙交界面处的河床剪应力的增加,框架群防护带周围的床沙就会因为框架群阻水而被淘刷,进而引起了框架群的边缘发生溃败。若框架群数量较少,会导致整体溃败。数量较多时,一部分溃败滑落的框架会形成二次防护,阻止溃败的进一步发生。增大四面体透水框架群的防护范围和布设密度可以有效地遏制边缘溃败的发生。

对于四面六边透水框架在桥墩防护方面的作用也有诸多研究,研究表明四面体透水框架群可减小墩前行近流速达 40% ~60%,破坏了局部冲刷坑生成的水流条件,有效减少了局部冲刷坑的产生。通过四面体透水框架群的整体布设形式和抛投范围对防护效果影响的相关试验,提出了在桥墩周围局部范围内加大四面体透水框架群的抛投密度的防护设计方法。研究表明,方头形布设的效果比圆头形的效果好,新月形冲坑内四面体透水框架群的抛投密度以 2.53 个/m² 为宜。

在一些工程应用中,如 1998 年江西抚河抚西堤楼下段抢险,1998 ~1999 年年底长江干堤湖南段护岸,1998 ~1999 年江西上清水电站除险加固,2000 年 6 月长江干堤西梁公堤"狗头矶"防护,2000 年黄河干流山东济南段提防护岸,2001 年新疆盖孜河马场大弯道河道整治,四面六边透水框架均发挥了巨大的作用,经受住多次大洪水的考验,保护了当地居民的生命财产安全。

四面六边透水框架在取得较好效果的同时,工程实践中仍存在一些不足,主要体现在以下方面:

(1)四面六边透水框架间钩连性较弱,咬合性不强,整体稳定性仍然不足,在水流作用下产生位移,在大水作用下又容易冲散、走失。

(2)从制作工艺来看,四面六边透水框架为六根加筋混凝土杆件焊接而成,由于工程实际中时而出露水面,时而淹没,虽然焊接点经过防锈处理,但仍然容易锈蚀,杆件散落,从而导致结构破坏,失去防冲促淤的功能。

目前,荷兰提出了一种新型消能结构,但未有任何关于钩连体制作方面的成果发表,该项目交由荷兰擅长发明制作的 PEZY 团队来进行研发,项目组经过多方联系,外方目前的生产加工也并未成型,其生产加工主要是基于形状的加工,还未找到合理的加工材料及方案,根据其目前发表的成果看,还处于探索阶段。

第6章 透水框架水动力特性试验研究

在变坡水槽上开展了两种结构 1:20、1:40 比尺试验,其中重点采用 1:20 比尺研究两种透水框架结构在不同布置形式(抛投宽度、抛投层数、抛投方式等)、不同水流条件下的水动力特性,主要包括透水框架附近流速分布、紊动强度、水体能量和阻力特性。同时进行了 1:40 比尺的试验,重点研究模型缩尺对上述因素的影响分析。

6.1 试验水流条件

试验中考虑了不同影响因素对透水框架水动力特性的影响,包括模型比尺、框架结构形式、框架抛投宽度(顺水流方向,下同)、抛投层数、抛投方式以及水流条件 6 个因子,其中模型比尺考虑 1:20、1:40,用以比较分析框架模型缩尺对试验结果的影响,框架结构形式为扭双工字形、正双工字形透水框架,抛投宽度考虑 50m、100m、150m、200m,抛投层数考虑 1、2、3 层,抛投方式考虑沿水槽宽度方向满抛(研究流速纵向调整)、半抛(研究流速横向调整),水流条件考虑 1、2、3m/s,对应滩面水深拟选取 2、3.5、5m,试验组次具体列于表 6-1,共进行了 26 组试验,每组试验的框架布置形式及水力要素详见表 6-2。

框架水动力特性试验组次 表 6-1

试验组次	模型比尺	框架布置形式				水流条件流速(m/s)
		框架结构	抛投宽度(m)	层数	抛投方式	
1~3	1:20	无	—	—	—	1、2、3(0.224、0.447、0.671)
4	1:40	无	—	—	—	2(0.316)
5~6	1:20	扭双工字形	100(5)	2	满抛	1、3(0.224、0.671)
7~9			100(5)	1、2、3	满抛	2(0.447)
10~11			100(5)	1、2	半抛	2(0.447)
12~14			50、150、200(2.5、7.5、10)	1	满抛	2(0.447)
15	1:40		100(2.5)	1	满抛	2(0.316)
16~17	1:20	正双工字形	100(5)	2	满抛	1、3(0.224、0.671)
18~20			100(5)	1、2、3	满抛	2(0.447)
21~22			100(5)	1、2	半抛	2(0.447)
23~25			50、150、200(2.5、7.5、10)	1	满抛	2(0.447)
26	1:40		100(2.5)	1	满抛	2(0.316)

注:( )内为模型值,原体流速 1、2、3m/s 对应水深分别取 2、3.5、5m;试验时框架随机抛投(图 6-1)。

表6-2 水槽试验框架布置形式及水力要素

试验组次	原型流速(m/s)	比尺	框架布置形式(模型)						模型水力要素					
			结构形式	宽度(m)	层数	方式	数量	高度(cm)	水深 h(cm)	流速 V(cm/s)	F_r	R_e (10³)	能坡 J(‰)	U_* (cm/s)
1	1	1:20	—	—	—	—	—	—	10.4	21.5	0.21	14.78	0.17	1.16
2	2	1:20	—	—	—	—	—	—	17.4	44.9	0.34	45.29	0.29	1.84
3	3	1:40	—	—	—	—	—	—	26.1	64.3	0.40	84.51	0.43	2.59
4	2	1:40	—	—	—	—	—	—	8.85	30.65	0.33	18.47	0.31	1.49
5	1	1:20	扭双工字形	5	2	满抛	4617	6.25	11.19	20.02	0.19	14.55	8.30	8.43
6	3			5	2	满抛	4617	6.25	26.31	63.85	0.40	84.26	6.83	10.30
7	2			5	1	满抛	2950	3.15	17.91	43.68	0.33	44.92	5.10	7.86
8	2			5	2	满抛	4617	6.25	18.28	42.79	0.32	44.64	7.73	9.75
9	2			5	3	满抛	6413	7.67	18.43	42.44	0.32	44.52	8.94	10.52
10	2			5	1	半抛	1435	3.15	17.45	44.83	0.34	45.28	1.59	4.35
11	2			5	2	半抛	2458	6.25	17.04	45.91	0.36	45.61	2.35	5.24
12	2			2.5	1	满抛	1475	3.15	17.72	44.16	0.34	45.07	7.21	9.32
13	2			7.5	1	满抛	4425	3.15	18.49	42.31	0.31	44.48	4.04	7.08
14	2			10	1	满抛	5900	3.15	18.75	41.73	0.31	44.28	3.46	6.58
15	2	1:40		2.5	1	满抛	5142	3.15	8.94	30.83	0.33	18.72	3.41	4.94

续上表

试验组次	原型流速 (m/s)	比尺	框架布置形式（模型）						模型水力要素					
			结构形式	宽度 (m)	层数	方式	数量	高度 (cm)	水深 h (cm)	流速 V (cm/s)	F_r	Re (10^3)	能坡 J (‰)	U_* (cm/s)
16	1	1:20	正双工字形	5	2	满抛	5293	6.32	11.40	19.65	0.19	14.49	5.54	6.94
17	3								26.30	63.88	0.40	84.27	5.99	9.65
18	2				1	满抛	2810	3.60	17.40	44.96	0.34	45.32	3.67	6.60
19	2				2		5293	6.32	18.30	42.75	0.32	44.62	5.99	8.59
20					3	半抛	7210	7.65	19.20	40.74	0.30	43.94	8.11	10.16
21	2				1		1465	3.60	17.00	46.01	0.36	45.64	1.74	4.51
22					2	满抛	2417	6.32	17.10	45.75	0.35	45.56	2.62	5.55
23	2	1:20	正双工字形	2.5	1	满抛	1405	3.60	17.94	43.61	0.33	44.90	3.57	6.58
24	2			7.5			4215		18.26	42.84	0.32	44.65	3.53	6.58
25				10			5620		18.41	42.49	0.32	44.54	3.15	6.24
26	2	1:40		2.5	1	满抛	5500	3.60	9.09	30.80	0.33	18.97	2.92	4.60

注：水深为抛投区平均水深，$h=$ 水位 $-$ 床面高程；断面平均流速 $V=Q/Bh$，$B=0.8$m；雷诺数 $Re=RV/v$，v 为水流运动黏滞系数，R 为水力半径，$R=Bh/(B+2h)$；$F_r=V/(gh)^{1/2}$；摩阻流速 $U_*=(gRS_f)^{1/2}$。

图 6-1　水槽中随机抛投的透水框架

6.2　透水框架作用后的流速、紊动及能量变化(1:20)

透水框架抛投于床面后,改变了床面附近水流结构,框架附近流速分布、紊动强度、水流能量做出调整。

6.2.1　无框架时的流速分布及紊动特性

采用顺水流 x 方向瞬时流速的几何平均值作为时均纵向流速 $\bar{u}$, x 方向脉动流速的均方根作为水流纵向紊动强度 σ_x,即

$$\bar{u} = \frac{\sum_{i=1}^{n} u_i}{n} \tag{6-1}$$

$$\sigma_x = \sqrt{\frac{\sum_{i=1}^{n}(u_i - \bar{u})^2}{n}} \tag{6-2}$$

式中: u_i ——第 i 个瞬时流速;

n ——流速样本数。

为书写方便起见,下文时均流速采用 u 表示。

根据模型相似律,对于正态模型,模型测流垂线位置 x_m、流速 u_m、紊动强度 σ_{xm} 与原型测流垂线位置 x_p、流速 u_p、紊动强度 σ_{xp} 之间有如下关系:

$$x_p = \alpha_L x_m \tag{6-3}$$

$$u_p = \alpha_L^{1/2} u_m \tag{6-4}$$

$$\sigma_{xp} = \alpha_L^{1/2} \sigma_{xm} \tag{6-5}$$

式中: α_L ——模型几何比尺。

为便于对比分析,下文除特别说明外,流速、紊动强度、测流垂线位置均采用原型值。

图 6-2 为无框架时 3 种水流条件下平均流速 u、纵向紊动强度 σ_x 随相对水深 z/h(z 为测点距离床面的高度)的变化,可以看出,垂线流速呈近底层小、靠近水面层大的对数分布规律,而纵向紊动强度则表现为近底层大、远离近底层紊动强度逐渐加大的趋势。

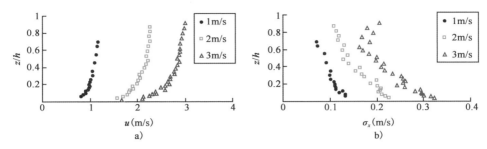

图 6-2　无框架时流速、纵向紊动强度沿垂向分布

6.2.2　扭双工字形透水框架作用后流速、紊动及能量变化

（1）流速、紊动强度沿垂向变化

图 6-3、图 6-4 分别为透水框架群内及下游 2m 处垂线流速分布与紊动强度变化，可以看出，框架群抛投于床面后垂线流速分布发生显著调整：近底层水流遭受框架群消能作用流速大幅度削减，表层水流则受到框架群挤压流速增大，过渡层垂线流速梯度加大，垂线流速分布不再服从对数分布规律，从床面至水面的垂线流速大致可分为三个区段，分别为近底流速骤减的框架层、流速梯度加大的过渡层、流速增大且基本服从对数律的表层。相同水流条件下，随着框架层数的增加，近底层减速率及表层增速率均加大。相同框架层数下，不同流速大小的水流行近框架群后，近底水流均受到急剧的减速作用，从而使得强流下的垂线流速梯度明显增大（图 6-5、图 6-6），当框架层高度约 $0.6h$ 时，框架层内床面至 $0.2h$ 左右高度内的流速基本保持不变。

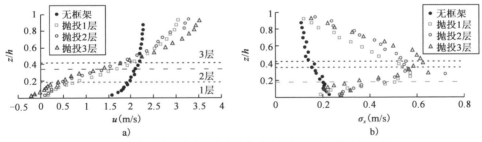

图 6-3　框架群内垂线流速分布及紊动强度变化（控制流速 2m/s）

（图中虚线代表框架群顶部所处垂向位置，下同）

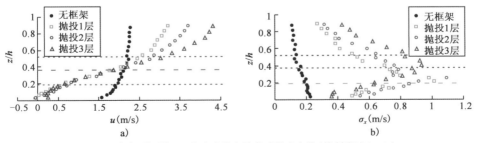

图 6-4　框架群下游 2m 处流速分布及紊动强度变化（控制流速 2m/s）

框架群调整垂线流速分布的同时，改变了水流紊动强度沿垂向分布，由图 6-3、图 6-4 可以看出，框架群抛投于床面后，紊动强度呈现底表层小、中间层大的分布规律，最大紊动强度

出现在框架群顶部附近。相同水流条件下，最大紊动强度随着框架层数的增加而加大；相同框架层数下，随着流速的加大，最大紊动强度也相应增大；紧邻框架群下游的紊动强度明显强于框架群内部。

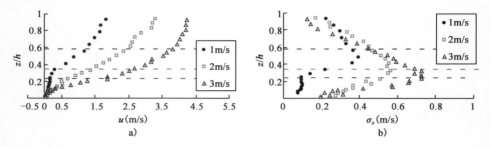

图6-5　不同流速条件下框架群内流速分布及紊动强度变化（抛投2层）

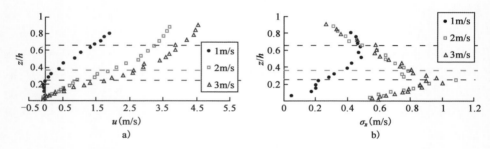

图6-6　不同流速条件下框架群下游2m处流速分布及紊动强度变化（抛投2层）

　　统计框架群高度内垂线平均流速、平均紊动强度的变化（表6-3），可以看出，无框架时，平均流速明显大于紊动强度；框架抛投后，框架群高度内流速骤减，而紊动强度增大，从而使得平均流速、紊动强度量值相当，对紧邻框架群下游侧甚至出现紊动强度大于平均流速的现象。框架群内，框架高度内平均流速的减速率达0.57～0.80，而紊动强度增大率为0.41～1.21；紧邻框架群下游2m处，减速率达0.38～0.89，而紊动强度增大率达1.71～2.85。在天然流速3m/s、水深5m条件下，框架群抛投两层后，框架内平均流速减小率约0.77，下游2m处平均流速减小率0.74左右。

扭双工字形透水框架群高度内平均流速、平均紊动强度变化（m/s）　　　　表6-3

流速 （m/s）	层数	框架群内						框架群下游2m处					
		无框架		有框架		变化率		无框架		有框架		变化率	
		u	σ_x	u	σ_x	u	σ_x	u	σ_x	u	σ_x	u	σ_x
1	2	1.01	0.11	0.43	0.21	−0.57	0.91	1.03	0.10	0.41	0.32	−0.60	2.20
2	1	1.76	0.22	0.35	0.31	−0.80	0.41	1.76	0.22	0.20	0.61	−0.89	1.77
	2	1.89	0.20	0.58	0.44	−0.69	1.20	1.90	0.20	0.79	0.77	−0.58	2.85
	3	1.93	0.19	0.56	0.42	−0.71	1.21	1.99	0.18	1.23	0.69	−0.38	2.83
3	2	2.34	0.28	0.53	0.44	−0.77	0.57	2.35	0.28	0.60	0.76	−0.74	1.71

注：变化率＝（有框架－无框架）/无框架，"－"表示减小，"＋"表示增大。

（2）流速、紊动强度沿纵向变化

　　框架群抛投于床面后,沿程流速、紊动强度发生调整,图 6-7 ~ 图 6-10 分别为近底层 ($z/h = 0.1$)、表层($z/h = 0.8$)相对流速 u/u_0(u 表示有框架的流速、u_0 表示无框架的流速)、相对紊动强度 σ_x/σ_{x0}(σ_x 表示有框架的紊动强度、σ_{x0} 表示无框架的紊动强度)沿程变化。框架群上游受壅水作用,底层、表层流速均有所减缓,流速变化平缓;框架群内部底层受框架消能作用,流速大幅度降低,降幅达 80% 以上,并随框架层数的增加而加大,而表层水流受框架挤压影响流速加大,增幅达 30% 以上;框架群下游近底流速沿程逐渐恢复至无框架时的流速。

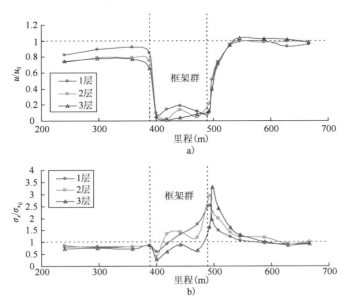

图 6-7　近底层相对流速、紊动强度沿程变化($z/h = 0.1$,控制流速 2m/s)

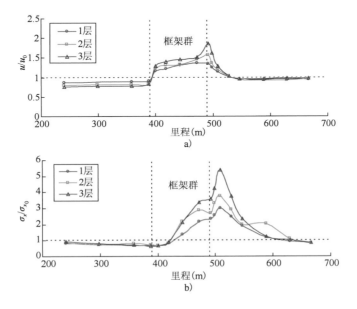

图 6-8　表层相对流速、紊动强度沿程变化($z/h = 0.8$,控制流速 2m/s)

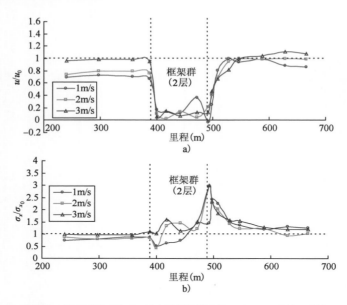

图 6-9　近底层相对流速、紊动强度沿程变化（$z/h = 0.1$，框架 2 层）

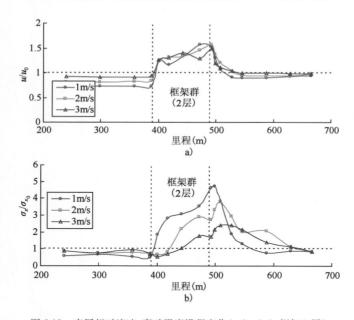

图 6-10　表层相对流速、紊动强度沿程变化（$z/h = 0.8$，框架 2 层）

底层、表层紊动强度的沿程变化规律基本一致：框架群上游紊动强度变化平缓，水流进入框架群后紊动强度逐渐加强，出框架群后紊动强度达到极值，之后水流受框架影响逐渐减弱、紊动强度逐渐衰减直至恢复至无框架时的紊动强度；底表层水流受框架影响程度的差异，两者紊动强度极值的位置发生偏离，表层位置较底层偏下游侧；相同水流条件下，框架层数越多，紊动强度沿程变化幅度越大，对应紊动强度极值也越大。

表 6-4 统计了框架群内部近底层（$z/h = 0.1$、0.2）平均流速的变化，框架群抛投于床面

后,$z/h = 0.1$ 的近底层流速减速率达 $0.79 \sim 0.95$,框架群下游流速恢复至无框架时流速的距离为 $38 \sim 56\mathrm{m}$;$z/h = 0.2$ 的近底层流速减速率为 $0.53 \sim 0.86$。

扭双工字形透水框架群内部近底层($z/h = 0.1$、0.2)平均流速统计($\mathrm{m/s}$)　　表 6-4

流速 ($\mathrm{m/s}$)	层数	$z/h = 0.1$				$z/h = 0.2$		
		无框架 u_0	有框架 u	变化率	恢复距离(m)	无框架 u_0	有框架 u	变化率
1	2	0.91	0.19	-0.79	38	0.98	0.24	-0.76
2	1	1.83	0.26	-0.85	47	2.00	0.64	-0.68
	2	1.83	0.15	-0.92	47	2.00	0.49	-0.76
	3	1.83	0.10	-0.95	47	2.00	0.29	-0.86
3	2	1.83	0.24	-0.87	56	2.67	1.26	-0.53

注:变化率 =(有框架 - 无框架)/无框架,"$-$"表示减小,"$+$"表示增大。

（3）流速、紊动强度沿横向变化

沿水槽宽度方向半抛框架后,流速、紊动强度横向变化如图 6-11 ~ 图 6-14 所示,可以看出,框架群内垂线流速明显小于无框架处,这是由框架群消能作用以及抛投区阻力增加,主流偏向无框架区引起;框架区紊动强度峰值出现在框架顶附近,表层紊动强度随着偏离框架距离的增加而减小,最大紊动强度位于框架区,而底层紊动强度峰值出现在框架群外侧边沿;相同水流条件下,抛投层数增加时,无框架区流速加大,而框架区流速基本不变,底表层紊动强度峰值均加强。

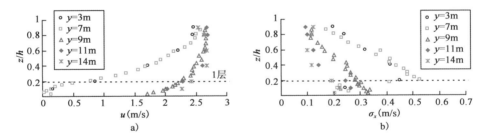

图 6-11　框架群流速、紊动强度横向变化(1 层,控制流速 2m/s)

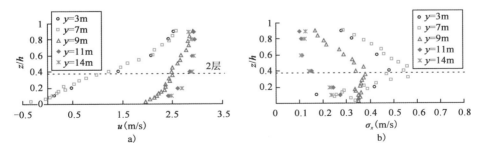

图 6-12　框架群流速、紊动强度横向变化(2 层,控制流速 2m/s)

（4）能量沿垂向变化

透水框架抛投于床面后,框架群内部流速骤减,然而近底层紊动强度增强,一般而言,推移质输沙率与流速的高次方成正比,框架群内流速的骤减必将引起输沙率的大幅度减小,而近底层水体紊动的加强,则有助于水流对床面泥沙的悬浮作用,进而冲刷床面。框架群内部流速减小、紊动增强,两者对床沙的综合影响是利于床面防护还是促使床面冲刷,需综合考虑,本节拟采用单位质量的水体能量(动能+紊动能)来综合反映两者对床沙运动的影响。

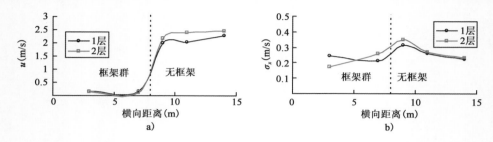

图 6-13　近底层流速、紊动强度横向变化($z/h=0.1$,控制流速 2m/s)

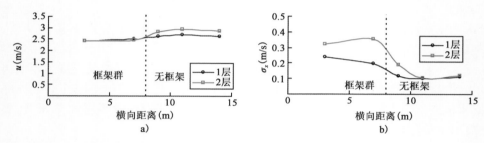

图 6-14　表层流速、紊动强度横向变化($z/h=0.8$,控制流速 2m/s)

设单位质量的水体沿水流方向的动能为 E_u,沿水流向的紊动能为 E_{σ_x},则

$$E_u = 0.5u^2 \tag{6-6}$$

$$E_{\sigma_x} = 0.5\sigma_x^2 \tag{6-7}$$

单位质量的水体沿水流向具有的能量 E 如下:

$$E = E_u + E_{\sigma_x} = 0.5(u^2 + \sigma_x^2) \tag{6-8}$$

图 6-15 为单位质量水体能量 E 沿垂向变化,可以看出,框架群抛投于床面后,底层水体能量大幅度衰减,表层能量则加大。表 6-5 统计了框架群高度内水体平均能量的变化,可见,框架群对底层水流进行了消能作用,在水流流速 1~3m/s,框架抛投 1~3 层时,框架群内部水流消能率达 0.63~0.92,框架群下游 2m 处水流消能率为 0.28~0.85。

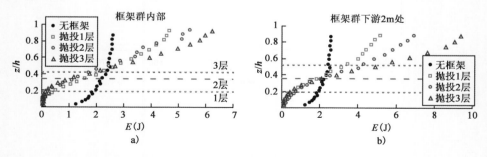

图 6-15　框架群抛投床面后能量沿垂向变化(控制流速 2m/s)

扭双工字形透水框架群高度内平均能量变化（J）　　　　　　　表 6-5

流速 （m/s）	层数	框架群内			框架群下游 2m 处		
		无框架	有框架	变化率	无框架	有框架	变化率
1	2	0.525	0.194	−0.63	0.542	0.257	−0.53
2	1	1.577	0.134	−0.92	1.586	0.235	−0.85
	2	1.822	0.353	−0.81	1.849	0.804	−0.57
	3	1.907	0.429	−0.78	2.017	1.452	−0.28
3	2	2.830	0.388	−0.86	2.861	0.651	−0.77

注：变化率 =（有框架 − 无框架）/无框架，"−"表示减小，"+"表示增大。

（5）近底层能量沿程变化

框架群抛投于床面后，沿程水体能量发生调整，图 6-16 为近底层（$z/h = 0.1$）相对能量 E/E_0（E 表示有框架的能量、E_0 表示无框架的能量）沿程变化。框架群上游受壅水作用，底层流速、紊动强度均有所减缓，水体能量减弱且变化平缓；框架群内部底层流速骤减、紊动强度增强，但水体能量大幅度减弱；框架群下游近底水体能量沿程逐渐恢复至无框架时的能量。

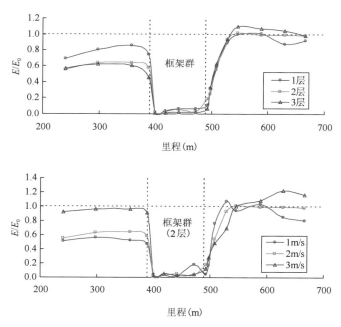

图 6-16　近底层相对能量沿程变化（$z/h = 0.1$）

表 6-6 统计了框架群内部近底层（$z/h = 0.1$、0.2）水体平均能量的变化，框架群抛投于床面后，$z/h = 0.1$ 的近底层水体消能率达 0.93 ~ 0.99，$z/h = 0.2$ 的近底层水体效能率为 0.71 ~ 0.96。

扭双工字形透水框架群内部近底层($z/h = 0.1$、0.2)平均能量统计(J) 　表 6-6

流速 (m/s)	层数	$z/h = 0.1$			$z/h = 0.2$		
		无框架 E_0	有框架 E	变化率	无框架 E_0	有框架 E	变化率
1	2	0.424	0.028	-0.93	0.490	0.040	-0.92
2	1	1.766	0.077	-0.96	2.035	0.348	-0.83
	2	1.766	0.052	-0.97	2.035	0.215	-0.89
	3	1.766	0.017	-0.99	2.035	0.089	-0.96
3	2	2.600	0.088	-0.97	3.526	1.026	-0.71

注:变化率 = (有框架 - 无框架)/无框架,"-"表示减小,"+"表示增大。

6.2.3　正双工字形透水框架作用后流速、紊动及能量变化

正双工字形透水框架抛投于床面后,流速、紊动强度、单位质量水体能量沿垂向、纵向以及横向的变化详见图 6-17 ~ 图 6-24,其流速、紊动强度、水体能量变化规律与扭双工字形透水框架一致,仅在数值上略有差异。

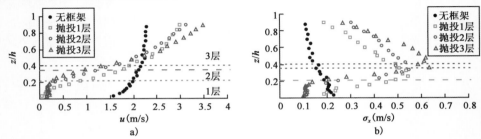

图 6-17　框架群内流速分布及紊动强度变化(控制流速 2m/s)

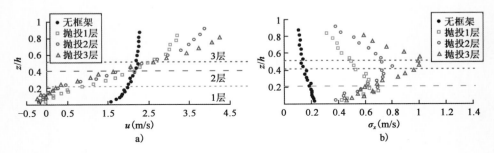

图 6-18　框架群下游 2m 处流速分布及紊动强度变化(控制流速 2m/s)

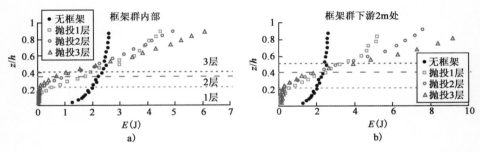

图 6-19　框架群抛投床面后能量沿垂向变化(控制流速 2m/s)

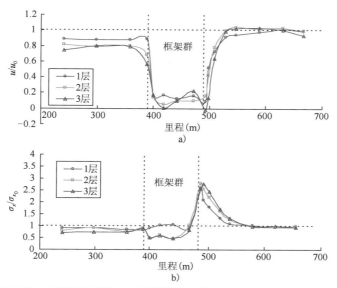

图 6-20　近底层相对流速、紊动强度沿程变化（$z/h = 0.1$，控制流速 2m/s）

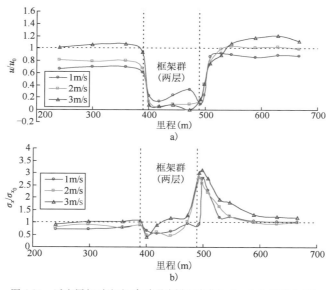

图 6-21　近底层相对流速、紊动强度沿程变化（$z/h = 0.1$，框架 2 层）

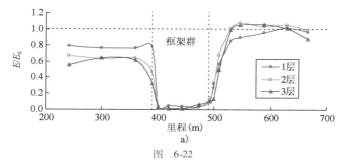

图　6-22

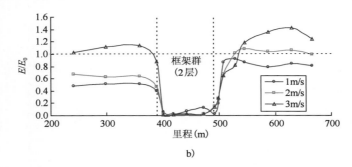

b)

图 6-22 近底层相对能量沿程变化($z/h = 0.1$)

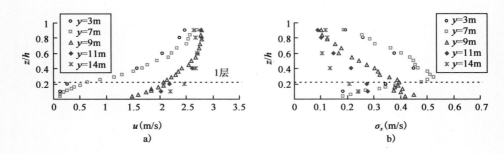

图 6-23 框架群流速、紊动强度横向变化(1 层,控制流速 2m/s)

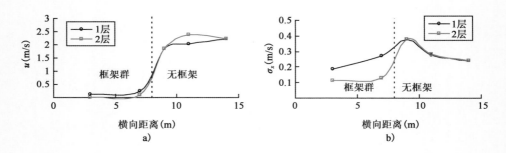

图 6-24 近底层流速、紊动强度横向变化($z/h = 0.1$,控制流速 2m/s)

　　表 6-7、表 6-8 为正双工字形透水框架群高度内平均流速、平均紊动强度、水体平均能量变化,表 6-9、表 6-10 为框架群内部近底层($z/h = 0.1$、0.2)平均流速、平均能量变化,可以看出,正双工字形透水框架抛投于床面后,框架群高度内平均流速的减速率为 0.72 ~ 0.82,紊动强度增大率为 0.18 ~ 0.50,但单位质量水体能量表现为衰减,水体消能率达 0.86 ~ 0.92;紧邻框架群下游 2m 处,框架群高度内平均流速的减速率为 0.56 ~ 0.85,紊动强度增大率为 1.70 ~ 3.06,水体消能率为 0.52 ~ 0.85。在天然流速 3m/s、水深 5m 条件下,框架群抛投两层后,框架内平均流速减小率约为 0.77,消能率约为 0.86,下游 2m 处平均流速减小率为 0.68 左右,消能率约为 0.72。$z/h = 0.1$ 的近底层流速减速率为 0.76 ~ 0.93,单位质量水体消能率达 0.93 ~ 0.98,框架群下游流速恢复至无框架时流速的距离为 38 ~ 56m;$z/h = 0.2$ 的近底层流速减速率为 0.60 ~ 0.87,消能率为 0.80 ~ 0.97。

正双工字形透水框架群高度内平均流速、平均紊动强度变化（m/s） 表 6-7

流速 （m/s）	层数	框架群内						框架群下游 2m 处					
		无框架		有框架		变化率		无框架		有框架		变化率	
		u	σ_x	u	σ_x	u	σ_x	u	σ_x	u	σ_x	u	σ_x
1	2	1.01	0.11	0.28	0.13	−0.72	0.18	1.03	0.10	0.45	0.27	−0.56	1.70
2	1	1.79	0.21	0.32	0.30	−0.82	0.43	1.79	0.21	0.27	0.57	−0.85	1.71
	2	1.89	0.20	0.45	0.27	−0.76	0.35	1.93	0.19	0.55	0.59	−0.72	2.11
	3	1.93	0.19	0.42	0.27	−0.78	0.42	1.99	0.18	0.76	0.73	−0.62	3.06
3	2	2.34	0.28	0.54	0.42	−0.77	0.50	2.36	0.28	0.75	0.76	−0.68	1.71

注：变化率 =（有框架 − 无框架）/无框架，"−"表示减小，"+"表示增大。

正双工字形透水框架群高度内平均能量变化（J） 表 6-8

流速 （m/s）	层数	框架群内			框架群下游 2m 处		
		无框架	有框架	变化率	无框架	有框架	变化率
1	2	0.519	0.071	−0.86	0.544	0.233	−0.57
2	1	1.633	0.134	−0.92	1.635	0.244	−0.85
	2	1.830	0.221	−0.88	1.902	0.556	−0.71
	3	1.892	0.206	−0.89	2.019	0.971	−0.52
3	2	2.842	0.395	−0.86	2.890	0.808	−0.72

注：变化率 =（有框架 − 无框架）/无框架，"−"表示减小，"+"表示增大。

正双工字形透水框架群内部近底层（$z/h = 0.1$、0.2）平均流速统计（m/s） 表 6-9

流速 （m/s）	层数	$z/h = 0.1$				$z/h = 0.2$		
		无框架 u_0	有框架 u	变化率	恢复距离（m）	无框架 u_0	有框架 u	变化率
1	2	0.91	0.22	−0.76	38	0.98	0.20	−0.80
2	1	1.83	0.28	−0.85	47	2.0	0.77	−0.62
	2	1.83	0.17	−0.91	47	2.0	0.37	−0.82
	3	1.83	0.23	−0.87	47	2.0	0.26	−0.87
3	2	1.83	0.13	−0.93	56	2.67	1.07	−0.60

注：变化率 =（有框架 − 无框架）/无框架，"−"表示减小，"+"表示增大。

正双工字形透水框架群内部近底层（$z/h = 0.1$、0.2）平均能量统计（J） 表 6-10

流速 （m/s）	层数	$z/h = 0.1$			$z/h = 0.2$		
		无框架 E_0	有框架 E	变化率	无框架 E_0	有框架 E	变化率
1	2	0.424	0.029	−0.93	0.490	0.027	−0.94
2	1	1.766	0.065	−0.96	2.035	0.415	−0.80
	2	1.766	0.029	−0.98	2.035	0.127	−0.94
	3	1.766	0.047	−0.97	2.035	0.058	−0.97
3	2	2.600	0.043	−0.98	3.526	0.689	−0.80

注：变化率 =（有框架 − 无框架）/无框架，"−"表示减小，"+"表示增大。

6.3　透水框架的阻力特性(1:20)

透水框架抛投于床面后,尽管框架具有透水性,但框架杆件对上游来流起一定阻水作用,引起床面阻力发生变化,本节主要对两种框架引起床面水位变化进行试验研究。

6.3.1　扭双工字形透水框架对水位的影响

床面无框架时,沿程水位变化平缓,框架抛投于床面后,沿程水位做出调整:上游水位受框架阻水作用而壅高,进入框架群后水位快速跌落,在框架群末端水位达到谷底,之后水位快速上升恢复至原有水面线,框架群尾部出口出现倒比降。

框架群对沿程水位的调整与框架抛投层数(抛投密度)、抛投宽度、水流条件等有关。框架抛投层数增加时,上游水位壅高加大,框架群内平均水面比降增大(图 6-25);水流行近流速较大时,框架群尾部水位恢复至原有水面线的距离较长(图 6-26、图 6-27);框架群抛投宽度越宽,上游水位壅高越大(图 6-28)。

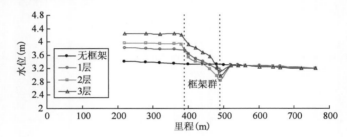

图 6-25　扭双工字形透水框架抛投 1 ~ 3 层时水面线变化(流速 2m/s)

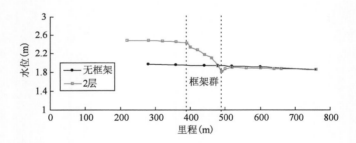

图 6-26　扭双工字形透水框架抛投 2 层时水面线变化(流速 1m/s)

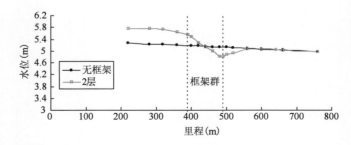

图 6-27　扭双工字形透水框架抛投 2 层时水面线变化(流速 3m/s)

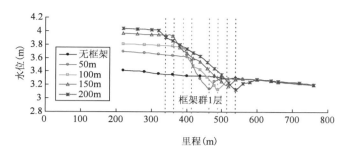

图 6-28　扭双工字形透水框架抛投 50~200m 时水面线变化(流速 2m/s,抛投 1 层)

表 6-11 统计了不同条件下框架群上游水位壅高值及框架群内平均水面比降,在水流流速 2m/s、水深 3.5m 的滩面上满抛 1 层宽度 100m 的框架后,引起上游水位壅高 0.404m,抛投 2 层引起壅水 0.568m,抛投 3 层引起的水位壅高为 0.852,抛投 1 层 50m 宽度以及 200m 宽度引起水位壅高分别为 0.276m、0.634m,当滩面框架群半抛 1 层 100m 框架时上游水位壅高 0.156m,半抛 2 层 100m 框架壅水 0.240m。

上游水位壅高及框架群内平均水面比降统计(扭双工字形透水框架,原型值)　表 6-11

流速 U (m/s)	水深 h (m)	抛投宽度 B (m)	层数	抛投 方式	抛投密度 ε (个/m²)	上游水位壅高 Δh(m)	框架群内 水面比降 (‰)
1	2	100	2	满抛	2.886	0.512	5.00
3	5				2.886	0.520	8.11
2	3.5	100	1	满抛	1.844	0.404	5.72
			2		2.886	0.568	8.61
			3		4.008	0.852	9.93
2	3.5	100	1	半抛	1.794	0.156	1.80
			2		3.073	0.240	2.68
2	3.5	50	1	满抛	1.844	0.276	8.12
		150			1.844	0.562	4.48
		200			1.844	0.634	3.82

框架群上游水位壅高值反映了透水框架的阻水特性,由表 6-12 可知,透水框架群抛投于床面引起上游水位壅高值 Δh 与框架抛投密度 ε、抛投宽度 B、框架抛投前水流平均流速 U、水深 h 有关,即

$$\Delta h = f(U,h,\varepsilon,B) \tag{6-9}$$

式中:Δh——框架群上游水位壅高值(m);

　　　U——未抛投框架时上游水流行进流速(m/s);

　　　h——水深(m);

　　　ε——框架抛投密度(个/m²);

　　　B——抛投宽度(m)。

将上述参数无量纲后可写成

$$\frac{\Delta h}{h} = f\left(\frac{U^2}{2gh}, \frac{\varepsilon\vartheta}{h}, \frac{B}{h}\right) \tag{6-10}$$

或

$$\Delta h = f\left(\frac{\varepsilon\vartheta}{h}, \frac{B}{h}\right)\frac{U^2}{2g} = \alpha_1\left(\frac{\varepsilon\vartheta}{h}\right)^{\alpha_2}\left(\frac{B}{h}\right)^{\alpha_3}\frac{U^2}{2g} \tag{6-11}$$

式中： ϑ ——扭双工字形透水框架单体体积，为 0.0445m^3 ；

α_1 、 α_2 、 α_3 ——待定系数，由试验资料确定。

根据试验实测资料对其进行多元回归分析，确定了各待定系数，得到扭双工字形透水框架抛投于床面后引起上游水位壅高的经验公式：

$$\Delta h = 5.05\left(\frac{\varepsilon\vartheta}{h}\right)^{1.40}\left(\frac{B}{h}\right)^{1.25}\frac{U^2}{2g} \tag{6-12}$$

式(6-12)中 ε 为框架抛投密度（个/m²），对于满抛， ε = 抛投个数/抛投区域面积，对于半抛，取 ε = 抛投个数/（抛投宽度×整个河宽），图6-29 中方块数据点即为半抛情况。

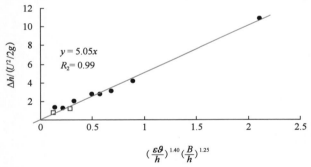

图6-29 扭双工字形透水框架引起上游水位壅高值计算

（图中圆点为满抛数据点，方块为半抛数据点）

由水位壅高经验公式(6-12)可知，透水框架阻水引起上游水位壅高值随抛投密度或抛投宽度抑或水流行近流速的增大而加大，随水深的增加而减小，从各参数的指数值可以看出，流速对水位壅高最敏感，其次是抛投密度，最后是抛投宽度。工程实践中沿河宽方向抛投透水框架的数量一般较小，即平均抛投密度 ε 较小，引起上游水位壅高值一般也较小。

6.3.2 正双工字形透水框架对水位的影响

正双工字形透水框架引起床面沿程水位变化如图6-30～图6-33 所示，水位变化规律与扭双工字形透水框架一致。在水流流速2m/s、水深3.5m 的滩面上满抛宽度100m 的框架时，抛投1 层引起上游水位壅高0.37m，抛投2 层及3 层时水位壅高分别为0.73m、1.03m（表6-12）。

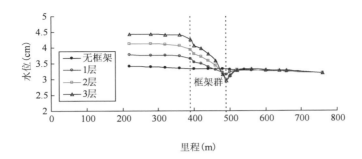

图 6-30　正双工字形透水框架抛投 1~3 层时水面线变化(流速 2m/s)

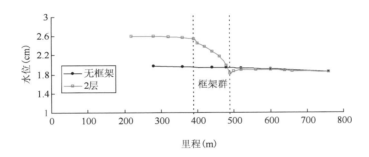

图 6-31　正双工字形透水框架抛投 2 层时水面线变化(流速 1m/s)

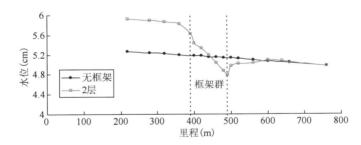

图 6-32　正双工字形透水框架抛投 2 层时水面线变化(流速 3m/s)

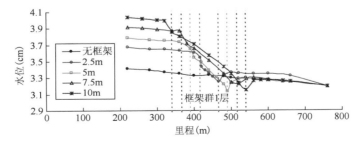

图 6-33　正双工字形透水框架抛投 50~200m 时水面线变化(流速 2m/s,抛投 1 层)

上游水位壅高及框架群内平均水面比降统计（正双工字形透水框架，原型值）　表 6-12

流速 U（m/s）	水深 h（m）	抛投宽度 B（m）	层数	抛投方式	抛投密度 ε（个/m²）	上游水位壅高 Δh（m）	框架群内水面比降（‰）
1	2	100	2	满抛	3.308	0.632	5.73
3	5				3.308	0.662	7.11
2	3.5	100	1	满抛	1.756	0.370	4.16
			2		3.308	0.730	6.67
			3		4.506	1.030	8.90
2	3.5	100	1	半抛	1.831	0.180	1.99
			2		3.021	0.232	2.99
2	3.5	50	1	满抛	1.756	0.260	4.00
		150			1.756	0.516	3.93
		200			1.756	0.628	3.50

根据试验实测资料得到了正双工字形透水框架抛投于床面后引起上游水位壅高的经验公式（图 6-34）：

$$\Delta h = 5.40\left(\frac{\varepsilon\vartheta}{h}\right)^{1.40}\left(\frac{B}{h}\right)^{1.25}\frac{U^2}{2g} \tag{6-13}$$

式中：Δh——框架群上游水位壅高值（m）；

　　　U——未抛投框架时上游水流行近流速（m/s）；

　　　h——水深（m）；

　　　ε——框架抛投密度（个/m²）；

　　　B——抛投宽度（m）；

　　　ϑ——正双工字形透水框架单体体积，为 0.0445m³。

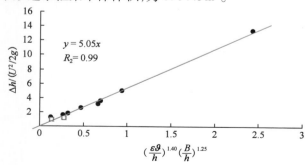

图 6-34　正双工字形透水框架引起上游水位壅高值计算

（图中圆点为满抛数据点，方块为半抛数据点）

6.4　模型缩尺影响分析

6.4.1　模型缩尺对流速、紊动、能量的影响分析

前文对透水框架的流速、紊动、单位质量水体能量分析主要是基于比尺 1:20 的试验成果,水动力特性试验中还进行了比尺为 1:40 的比对试验,试验原型条件为流速 2m/s、水深 3.5m、框架群抛投宽度 100m,随机抛投 1 层。比尺为 1:40 时,两种框架流速、紊动强度、水体能量垂向分布及沿程变化如图 6-35 ~ 图 6-38 所示,可以看出,尽管框架尺寸缩小一半,但框架群流速、紊动强度、水体能量的变化规律(比尺 1:20 中分析的规律)仍然能得到很好的呈现,即两个比尺下的流速、紊动、能量特性在定性上是一致的。

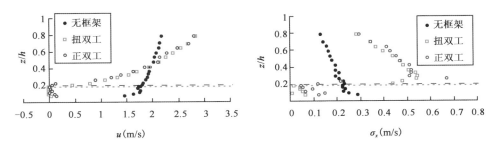

图 6-35　框架群内流速分布及紊动强度变化(比尺 1:40)

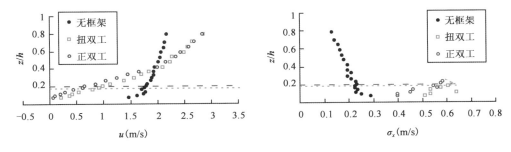

图 6-36　框架群下游 2m 处流速分布及紊动强度变化(比尺 1:40)

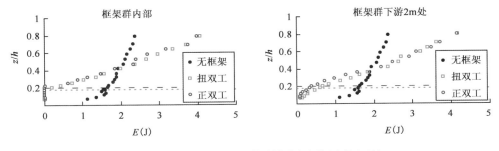

图 6-37　框架群抛投床面后能量沿垂向变化(比尺 1:40)

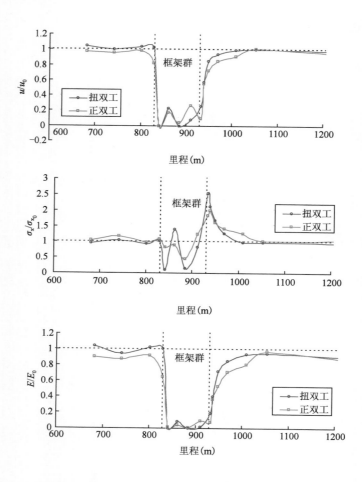

图6-38　近底层相对流速、紊动强度、水体能量沿程变化(z/h=0.1,比尺1∶40)

对比两种比尺下框架群高内平均流速、平均紊动强度、平均能量的变化率(表6-13),以及框架群内部近底层平均流速减速率、平均消能率(表6-14),比尺1∶20时,两种框架高度内平均减速率为0.80~0.89,平均消能率为0.87~0.94,比尺1∶40对应的减速率为0.75~0.99,消能率为0.82~1.00;比尺1∶20时,两种框架对近底流速的减速率达0.62~0.85,消能率达0.83~0.96,比尺1∶40对应的减速率为0.74~0.93,消能率为0.81~0.97。可见,框架在两个比尺下的减速、消能效果在定量上基本一致。

从上述分析可知,模型试验进行的两种比尺(1∶20、1∶40)均能有效地反映透水框架流速、紊动、能量特性。

6.4.2　模型缩尺对阻力特性的影响分析

在原型流速2m/s,框架群抛投1层、宽度100m的条件下,两种框架在模型比尺1∶20、1∶40下的上游水位壅高值如表6-15所示,可以看出,当框架原型抛投密度相当时,两种比尺下按几何相似条件将模型水位壅高值换算至原型值基本一致,即基本满足阻力相似条件。

不同比尺下框架群高度内平均流速、平均紊动强度、平均能量变化

表 6-13

| 框架形式 | 比尺 | 框架群内 | | | | | | | | | 框架群下游 2m 处 | | | | | | | | |
| | | 无框架 | | | 有框架 | | | 变化率 | | | 无框架 | | | 有框架 | | | 变化率 | | |
		u (m/s)	σ_x (m/s)	E (J)	u (m/s)	σ_x (m/s)	E (J)	u (m/s)	σ_x (m/s)	E (J)	u (m/s)	σ_x (m/s)	E (J)	u (m/s)	σ_x (m/s)	E (J)	u (m/s)	σ_x (m/s)	E (J)
扭双工字形	1:20	1.76	0.22	1.57	0.35	0.31	0.11	-0.80	0.41	-0.93	1.76	0.22	1.57	0.20	0.61	0.21	-0.89	1.77	-0.87
	1:40	1.56	0.27	1.25	0.02	0.05	0.00	-0.99	-0.81	-1.00	1.56	0.27	1.25	0.39	0.54	0.22	-0.75	1.00	-0.82
正双工字形	1:20	1.79	0.21	1.62	0.32	0.30	0.10	-0.82	0.43	-0.94	1.79	0.21	1.62	0.27	0.57	0.20	-0.85	1.71	-0.88
	1:40	1.59	0.26	1.30	0.08	0.10	0.01	-0.95	-0.62	-0.99	1.59	0.26	1.30	0.24	0.45	0.13	-0.85	0.73	-0.90

注:流速 2m/s,框架抛投 1 层;变化率 = (有框架 - 无框架)/无框架,"-"表示减小,"+"表示增大。

不同比尺下框架群内部近底层($z/h = 0.1$、0.2)平均流速、能量统计

表 6-14

| 框架形式 | 比尺 | $z/h = 0.1$ | | | | | | $z/h = 0.2$ | | | | | |
| | | 无框架 | | 有框架 | | 变化率 | | 无框架 | | 有框架 | | 变化率 | |
		u(m/s)	E(J)	u(m/s)	E(J)	u(m/s)	E(J)	u(m/s)	E(J)	u(m/s)	E(J)	u(m/s)	E(J)
扭双工字形	1:20	1.83	1.77	0.26	0.08	-0.85	-0.96	2.0	2.04	0.64	0.35	-0.68	-0.83
	1:40	1.62	1.34	0.12	0.04	-0.93	-0.97	1.80	1.64	0.46	0.31	-0.74	-0.81
正双工字形	1:20	1.83	1.63	0.28	0.13	-0.85	-0.92	2.0	1.64	0.77	0.24	-0.62	-0.85
	1:40	1.62	1.34	0.19	0.05	-0.88	-0.96	1.80	1.64	0.37	0.17	-0.79	-0.90

注:流速 2m/s,框架抛投 1 层;变化率 = (有框架 - 无框架)/无框架,"-"表示减小,"+"表示增大。

不同比尺下框架群上游壅水值比较 表6-15

框架形式	比尺	原型抛投密度（个/m²）	抛投区平均水深（m）	框架相对高度	水位壅高（m）
扭双工字形	1:20	1.84	3.58	0.18	0.40
	1:40	1.61	3.57	0.18	0.32
正双工字形	1:20	1.76	3.48	0.21	0.37
	1:40	1.72	3.64	0.20	0.30

6.5　本章小结

在变坡水槽上开展了两种透水框架（扭双工字形、正双工字形）的流速、紊动、单位质量水体能量以及阻力特性试验，透水框架按比尺1:20、1:40正态缩放，满足几何相似、重量相似要求。

透水框架抛投于床面后垂线流速分布发生明显调整：底层流速大幅度削减、表层流速增大、过渡层流速梯度加大，整个垂线流速分布不再服从对数律。水流进入扭双工字形透水框架后，框架高度内平均减速率为0.57～0.80，近底层（$z/h=0.1$）流速减速率达0.79～0.95，在天然流速3m/s、水深5m条件下，抛投两层框架后，框架内流速平均减小率约0.77。框架对近底流速的削减率随抛投层数的增加而加大。框架群引起沿程流速变化：上游受壅水作用流速减缓、变化平缓，框架群内部底层（$z/h=0.1$）受框架消能作用流速骤减，降幅达80%以上，表层（$z/h=0.8$）水流受框架挤压影响流速加大，增幅约30%以上，框架群下游近底流速沿程逐渐恢复至无框架时的流速，恢复距离为38～56m。

框架群调整垂线流速分布的同时，改变了水流紊动强度沿垂向分布，紊动强度呈现底表层小、中间层大的分布规律，最大紊动强度出现在框架群顶部附近。框架抛投后，框架群高度内流速骤减，而紊动强度增大，从而使框架内平均流速、平均紊动强度量值相当，紧邻框架群下游侧甚至出现平均紊动强度大于平均流速的现象。框架群引起紊动强度沿程变化：上游紊动强度变化平缓，进入框架群后逐渐加强，出框架群后达到极值，之后紊动强度逐渐衰减直至恢复至无框架时的紊动强度。底表层紊动强度极值的位置在纵向、横向上发生偏离，纵向上表层位置较底层偏下游侧，横向上表层位置较底层偏框架群内侧。相同水流条件下，框架层数越多，或抛投密度越大，紊动强度沿程变化幅度越明显，对应紊动强度极值也越大。

以单位质量的水体能量来综合反映流速、紊动对床沙运动的影响，框架抛投于床面后，底层水体能量大幅度衰减、表层能量加大，框架群高度内水流消能率为0.63～0.92，近底层（$z/h=0.1$）水体消能率达0.93～0.99。

框架群对水流的阻水作用引起沿程水位发生改变：上游水位壅高，进入框架群后水位快速跌落，在框架群末端水位达到谷底，之后水位快速上升恢复至原有水面线，框架群尾部出口出现倒比降。框架群对上游水位壅高值随框架抛投密度或抛投宽度抑或水流行近流速的增大而加大，随水深的增加而减小，根据试验实测资料得到了扭双工字形透水框架引起上游水位壅高值的经验公式 $\Delta h = 5.05 \left(\dfrac{\varepsilon\vartheta}{h} \right)^{1.40} \left(\dfrac{B}{h} \right)^{1.25} \dfrac{U^2}{2g}$。

　　水槽试验表明,两种框架结构扭双工字形、正双工字形对底层水流流速的消能、减速率相当,在抛投宽度、抛投密度相当的条件下,其阻力特性基本相同。

　　两种比尺(1:20、1:40)均能有效反映透水框架流速、紊动、能量变化特性,消能减速效果基本一致,且满足阻力相似条件。

第7章 不同布置方式的透水框架消能护滩效果试验研究

在宽水槽上开展了扭双工字形透水框架在不同抛投密度、抛投宽度、抛投间距、水流条件下的清水冲刷试验,分析了透水框架的消能护滩效果。

7.1 试验水流条件及框架布置方式

7.1.1 透水框架选择

水动力试验表明扭双工字形、正双工字形透水框架对近底水流减速、消能效果相当,引起床面阻力变化基本相同;波流稳定性试验表明扭双工字形透水框架稳定性优于正双工字形。选择扭双工字形透水框架进行消能护滩效果的动床试验。

为了能在模型试验中合理模拟透水框架(扭双工字形)的消能、减速特性,模型比尺拟选为1:40,在水动力特性试验中已表明该比尺可有效模拟框架的消能、减速效果。既然透水框架具有消能、减速从而达到护滩的功能,在水槽试验中不考虑模拟越堤流、沿堤流、绕堤流的具体产生方式,而将主要问题转为透水框架在滩面上的消能、减速护滩效果,基于此,本试验主要在平整的动床面上进行,床面上无堤、坝等建筑物,通过在床面上抛投不同密度、层数、宽度及间距的框架群,进行清水大流速冲刷试验,以检验该框架守护滩面的能力以及框架布置方式与工程效果的关系。

7.1.2 试验条件及框架布置方式

试验中,水深取7.6m,流速取2m/s、2.5m/s(考虑建筑物修建引起局部流速的增大),在4m宽水槽中进行。透水框架布置方式按抛投密度 ε、抛投宽度 B、抛投间距 ΔB 进行控制,其中,抛投密度 ε 取0.729、1.459(基本为满抛)、2.188、2.918个/m^2,抛投长度 L 取80m(垂直水流向),抛投宽度 B 取40、20、10m,考虑到框架群对下游滩面具有一定防护能力,在框架群下游间隔一定距离继续布置了框架群,两个框架群尺度相同,抛投间距 ΔB 取20、40、60、80m,对应 $\Delta B/l = 0.25$、0.5、0.75、1.0,以研究抛投间距对框架群之间滩面的守护能力。透水框架消能护滩效果试验组次如表7-1所示,共进行11组试验,试验过程中上游不加沙,即清水冲刷,冲刷时间以框架附近床面冲刷变形基本不变为依据,一般进行4h左右,试验河床冲刷时间比尺为335(按岗恰洛夫推移质输沙率公式计算得到,未经动床验证),对应原型约56d。

扭双工字形透水框架消能护滩效果试验组次

表 7-1

| 试验组次 | 模　型 | | | | | 原　型 | | | | | ΔB/L | 层数 |
	水深 h (cm)	流速 U (cm/s)	抛投密度 ε (个/m²)	宽度 B(m)	间距 ΔB (m)	水深 h (cm)	流速 U (cm/s)	抛投密度 ε (个/m²)	宽度 B (m)	间距 ΔB (m)		
1	19	31.6	1167	1.0	—	7.6	2.0	0.729	40.0	—	—	1 层
2	19	31.6	2334	1.0	—	7.6	2.0	1.459	40.0	—	—	1 层 (满抛)
3	19	31.6	3501	1.0	—	7.6	2.0	2.188	40.0	—	—	2 层
4	19	31.6	4668	1.0	—	7.6	2.0	2.918	40.0	—	—	2 层
5	19	39.5	4668	1.0	—	7.6	2.5	2.918	40.0	—	—	2 层
6	19	31.6	3501	0.5	—	7.6	2.0	2.188	20.0	—	—	2 层
7	19	31.6	3501	0.25	—	7.6	2.0	2.188	10.0	—	—	2 层
8	19	31.6	3501	0.5	0.5	7.6	2.0	2.188	20.0	20.0	0.25	2 层
9	19	31.6	3501	0.5	1.0	7.6	2.0	2.188	20.0	40.0	0.50	2 层
10	19	31.6	3501	0.5	1.5	7.6	2.0	2.188	20.0	60.0	0.75	2 层
11	19	31.6	3501	0.5	2.0	7.6	2.0	2.188	20.0	80.0	1.00	2 层

注：框架群原型长度 L(垂直于水流向)均按 80m 控制；水深、流速以框架抛投前的滩面水深、垂线平均流速进行控制；
宽度 B 指顺水流方向框架群的尺度，间距 ΔB 指上下游框架群的净距。

7.2　透水框架抛投密度与消能护滩效果关系

7.2.1　抛投密度 0.729 个/m² 的护滩效果

透水框架抛投于滩面后，经过 2.0m/s 的清水冲刷后，滩面冲淤变化如图 7-1 所示，可以看出，滩面沿纵向、横向冲淤变化显著。滩面冲刷沿纵向可分为五个区段(图 7-2)，分别为：①上游滩面冲刷区；②框架群头部顶冲区；③框架群内部防护区；④框架群下游防护区；⑤下游滩面冲刷区。结合透水框架近底流速、紊动强度、水体能量沿程变化(图 7-3)分析如下：

①框架群上游滩面流速较大，直接受水流冲刷；

②框架群头部受水流顶冲作用，且滩面底流速衰减幅度较小而冲刷，由于框架适应河床变形能力强，头部顶冲形成坡度平缓；

③框架群内部近底流速骤减，大幅消能，滩面得到有效防护；

④紧邻框架群下游的滩面，近底水流紊动强度快速减小，而底流速逐渐增大并恢复至无框架时的流速，该恢复距离内流速、紊动强度、水体能量相对较小，从而抑制框架群下游一定范围内的滩面受到水流大幅冲刷；

⑤离开框架群一定距离的滩面，滩面近底流速恢复至无框架时的流速，滩面直接受水流淘刷。

滩面冲刷沿横向则可分为三个区段(图 7-1)，分别为：①滩面冲刷区；②框架群边缘侧蚀区；③框架群内部防护区。结合透水框架近底流速、紊动强度沿横向变化(图 7-4)分析如下：

①未受框架防护的滩面直接受水流淘刷而下切；

②框架群边缘水流流速大、紊动强度强，滩面受到侧蚀下降形成冲刷缓坡；

③框架群内部滩面近底流速大幅衰减,滩面得到防护。

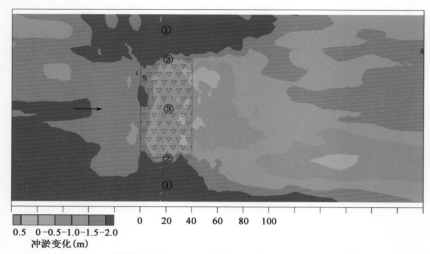

图 7-1　透水框架防护后滩面冲淤变化(抛投密度 0.729 个/m²)

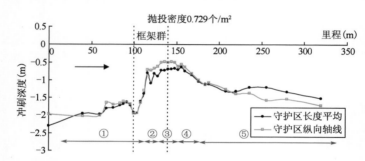

图 7-2　透水框架守护区冲刷深度纵向沿程变化(抛投密度 0.729 个/m²)
①~⑤分别为沿程五区段。

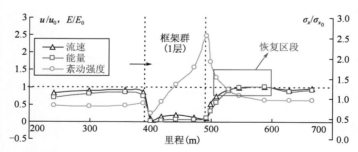

图 7-3　框架抛投 1 层后近底层相对流速、紊动强度、能量沿程变化
($z/h=0.1$,控制流速 2m/s,抛投宽度 100m,水动力特性试验成果)

　　透水框架按密度 0.729 个/m² 抛投于滩面后(图 7-7),由于抛投密度较低,框架之间的滩面暴露,直接受到水流淘刷,框架间局部冲刷形成并发展,引起受护滩面下降,但由于框架仍具有一定的消能减速功能,防护区下切速度及幅度较未护滩面缓和得多(图 7-5、图 7-6)。由于透水框架为开敞式结构,抛投于滩面后杆件部分插入滩面,单体自身稳定性较好,未出现框架冲散、走失的现象(图 7-8)。

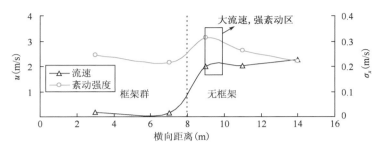

图 7-4　框架横向半抛 1 层后近底层相对流速、紊动强度横向变化
（$z/h = 0.1$，控制流速 2m/s，抛投宽度 100m，水动力特性试验成果）

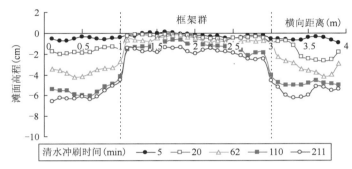

图 7-5　框架抛投区横断面地形变化（模型值）

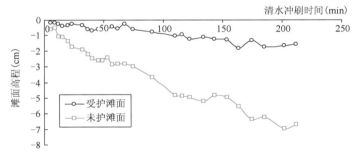

图 7-6　床面高程随清水冲刷时间变化（模型值）

图 7-7　透水框架抛投密度 0.729 个/m²（试验前）

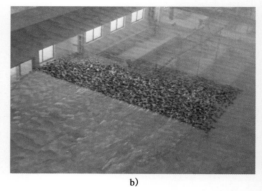

图 7-8 透水框架抛投密度 0.729 个/m²（试验后）

以透水框架守护滩面的平均冲刷深度 h_s 与未抛投框架时滩面平均冲刷深度 h_{s0} 之比值作为透水框架群护滩效果的指标 δ_{h_s}，即

$$\delta_{h_s} = \frac{h_s}{h_{s0}} \tag{7-1}$$

试验表明，无框架防护的滩面，在 7.6m 水深、2.0m/s 流速作用下，滩面平均冲深 h_{s0} 约 2.30m，抛投 0.729 个/m² 的框架群后，框架抛投范围内滩面平均冲深 h_s 降至 1.14m，框架群中部（不包括边缘）滩面冲深 $h_s = 0.73m$，护滩效果（冲刷深度削减幅度）为 50% ~68%。

7.2.2 抛投密度 1.459 个/m² 的护滩效果

透水框架群以密度 1.459 个/m² 抛投于滩面后，滩面冲刷变化规律同密度 0.729 个/m²，但由于抛投密度的加大，框架之间的滩面受框架的隐蔽作用加强，透水框架消能减速功能得到较为完整的显现，抛投区滩面受冲程度显著减缓。在水深 7.6m、流速 2.0m/s 作用下，抛投 1.459 个/m² 的框架群后，框架抛投范围内滩面平均冲深降至 0.55m，框架群中部（不包括边缘）滩面冲深 0.18m，与框架守护前相比，冲刷深度削减幅度达 76% ~92%，框架群下游有效防护范围约 20m，该防护范围内滩面冲深约 0.4m。如图 7-9 ~图 7-12 所示。

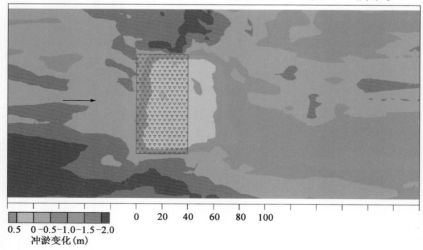

图 7-9 透水框架防护后滩面冲淤变化（抛投密度 1.459 个/m²）

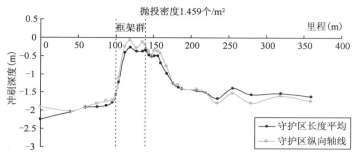

图 7-10　透水框架守护区冲刷深度沿程变化（抛投密度 1.459 个/m²）

图 7-11　抛投密度 1.459 个/m²（试验前）

图 7-12　抛投密度 1.459 个/m²（试验后）

7.2.3　抛投密度 2.188 ~ 2.918 个/m² 的护滩效果

抛投密度 1.459 个/m² 时基本为单层满抛，在此基础上进一步加大滩面防护程度，将框架抛投密度增至 2.188 个/m²（两层）后，框架群迎流顶冲区近底流速削减幅度进一步加大，迎流区滩面冲刷范围及强度均减弱，2.0m/s 流速作用下，框架抛投范围内滩面平均冲深降至 0.47m，框架群内部滩面冲深 0.03m，与框架守护前相比，冲深减小幅度达 80% ~ 99%，除框架群边缘局部冲刷引起滩面下切外，框架群内部滩面得到完全守护，框架群下游有效防护范围内滩面冲深约 0.3m。如图 7-13 ~ 图 7-16 所示。

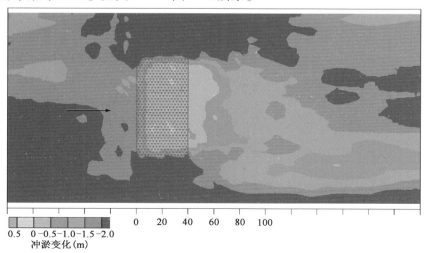

图 7-13　透水框架防护后滩面冲淤变化（抛投密度 2.188 个/m²）

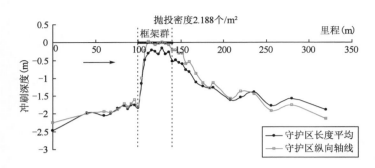

图 7-14   透水框架守护区冲刷深度沿程变化(抛投密度 2.188 个/m²)

图 7-15   透水框架抛投密度 2.188 个/m²(试验前)

图 7-16   透水框架抛投密度 2.188 个/m²(试验后)

当框架抛投密度加大至 2.918 个/m² 后,2.0m/s 流速作用下,抛投区滩面平均冲深降至 0.42m,框架群内部滩面完全守护,部分滩面还有淤积的现象,框架群下游有效防护范围约 20m,该防护范围内滩面冲深约 0.1m。如图 7-17 ~ 图 7-20 所示。

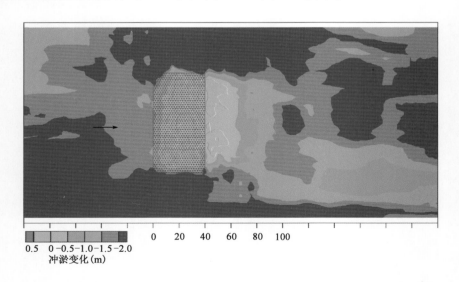

图 7-17   透水框架防护后滩面冲淤变化(抛投密度 2.918 个/m²,流速 2m/s)

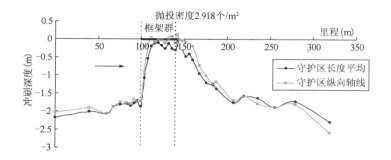

图 7-18 透水框架守护区冲刷深度沿程变化(抛投密度 2.918 个/m², 流速 2m/s)

图 7-19 透水框架抛投密度 2.918 个/m²(试验前)

图 7-20 透水框架抛投密度 2.918 个/m²(流速 2m/s, 试验后)

在抛投密度 2.918 个/m² 的基础上,将水流流速由 2.0m/s 加大至 2.5m/s,进一步对抛投区进行清水冲刷,抛投区滩面平均冲深约 0.58m,而框架群内部滩面仍能得到完全守护(图 7-14),框架群下游有效防护的滩面冲刷幅度加大,由 0.1m 增加至 0.6m 左右。如图 7-21 ~ 图 7-23 所示。

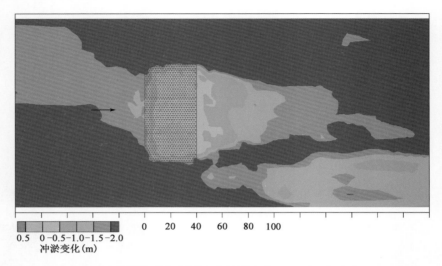

图7-21　透水框架防护后滩面冲淤变化（抛投密度 2.918 个/m²，流速 2.5m/s）

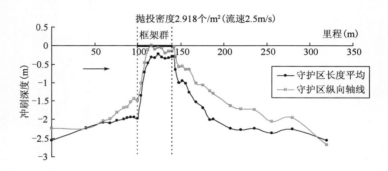

图7-22　透水框架守护区冲刷深度沿程变化（抛投密度 2.918 个/m²，流速 2.5m/s）

7.2.4　抛投密度与护滩效果关系

在对以冲刷为主的滩面进行透水框架防护时，相同守护范围下，护滩效果与框架抛投密度、抛投层数、抛投宽度（顺水流向）、抛投间距以及水流条件等有关，其中，抛投密度隐含了抛投层数的影响，层数增加时对应抛投密度增大，而抛投密度增大时层数未必加大，因而，透水框架护滩效果实际上与框架抛投密度、抛投宽度、抛投间距以及水流条件有关。本节对扭双工字形透水框架进行了抛投宽度为40m、水深7.6m、流速2.0m/s、2.5m/s，以及不同抛投密度（0～2.918 个/m²）下的清水冲刷试验。

试验表明，透水框架可较好地对滩面近底水流进行消能减速，从而达到护滩的效果，且框架自身具有良好的稳定性能，在流速2.0m/s的单向流作用下，

图7-23　透水框架抛投密度 2.918 个/m²
（流速 2.5m/s，试验后）

框架抛投密度为 1.459 个/m² 时,抛投区内部护滩效果(与未抛框架引起的床面冲深相比,抛投守护后的冲刷深度削减幅度)达到 92%,当抛投超过 2.188 个/m² 时,抛投区内部可完全守护滩面(图 7-24、图 7-25、表 7-2),而迎流区受主流顶冲、两侧受水流侵蚀,该区域滩面冲刷塌陷形成缓坡,有利于对抛投区内部滩面的保护。

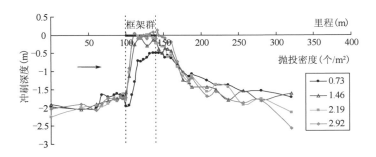

图 7-24　透水框架守护区纵轴线冲刷深度沿程变化

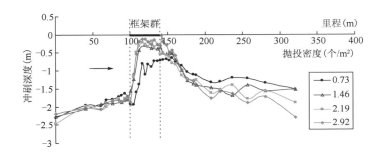

图 7-25　透水框架守护区平均冲刷深度沿程变化

透水框架防护后床面冲深变化　　　　表 7-2

流速 (m/s)	水深 (m)	抛投密度 (个/m²)	抛投全部区域		抛投区内部		框架群下游有效防护区	
			平均冲刷 深度(m)	冲深减小 幅度(%)	冲刷深度 (m)	冲深减小 幅度(%)	防护长度 (m)	冲刷深度 (m)
2	7.6	0	2.30	—	1.90	—	—	—
2	7.6	0.729	1.14	50.4	0.76	67.0	20	0.56
2	7.6	1.459	0.55	76.1	0.18	92.2	20	0.41
2	7.6	2.188	0.47	79.6	0.03	98.7	20	0.28
2	7.6	2.918	0.42	81.7	0.04	98.3	20	0.10
2.5	7.6	2.918	0.58	74.8	0.06	97.4	20	0.61

图 7-26 为透水框架守护区域平均冲刷深度与抛投密度的关系,图 7-27 为框架守护区内部冲深与抛投密度关系,可以看出,随着透水框架抛投密度的增加,抛投区冲刷深度快速减小,透水框架防护效果显著增强。

透水框架抛投宽度40m时,在单向流作用下,框架群下游有效守护范围约20m,下游守护区滩面冲刷深度与抛投密度、水流条件有关,随抛投密度的加大或流速减小,冲刷深度减小(表7-2)。

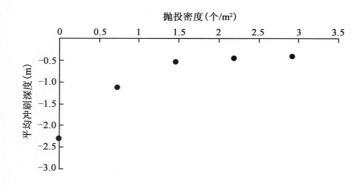

图7-26　透水框架守护区域平均冲刷深度与抛投密度关系

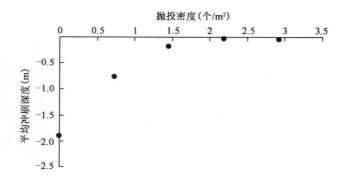

图7-27　透水框架守护区内部冲刷深度与抛投密度关系

结合透水框架稳定性要求,建议抛投密度取 1.5~2.2 个/m²。

7.3　透水框架抛投宽度与消能护滩效果关系

在透水框架抛投密度为 2.188 个/m² 的基础上,进行了抛投宽度分别为 40m、20m、10m 条件下的清水冲刷护滩效果试验,试验水深 7.6m、流速 2m/s,试验后框架守护区冲刷地形见图 7-28。图 7-29 为透水框架守护区冲刷深度沿程变化,可以看出,抛投宽度为 40m、20m 时,滩面冲刷沿纵向仍可分为五个区段(上游滩面冲刷区、框架群头部顶冲区、框架群内部防护区、框架群下游防护区、下游滩面冲刷区),而抛投宽度为 10m 时,由于防护宽度过小,整个框架群均处于主流的顶冲区,框架群内部已无防护区,整个框架群因受水流顶冲形成冲刷缓坡。三种抛投宽度对应下游滩面有效防护长度均为 20m 左右,图 7-30 为透水框架群下游 20m 范围内平均冲刷深度与抛投宽度关系,可以看出,三种抛投宽度的框架群防护时,下游防护区平均冲刷深度基本相当,综合框架群守护区域及下游有效防护效果,水流流速 2m/s 时,透水框架抛投宽度不宜小于 20m。

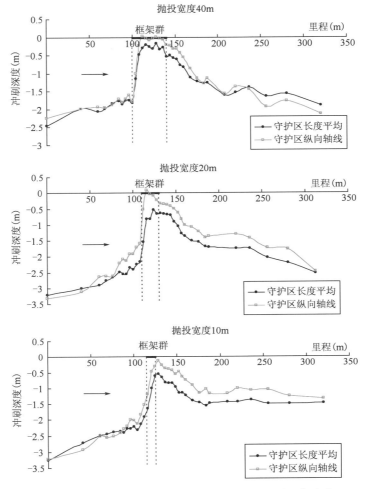

图 7-28　透水框架守护区冲刷深度沿程变化(抛投密度 2.188 个/m², 流速 2.0m/s)

a) 宽度20m

b) 宽度10m

图　7-29

图 7-29　不同抛投宽度下冲刷后地形(抛投密度 2.188 个/m²,流速 2.0m/s)

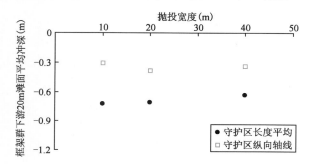

图 7-30　透水框架群下游 20m 范围内平均冲刷深度与抛投宽度关系

7.4　透水框架抛投间距与消能护滩效果关系

在透水框架抛投密度为 2.188 个/m²、长度 $L=80$m、宽度 $B=20$m 的条件下,进行了框架群不同抛投间距 $\Delta B=20\sim80$m(对应 $\Delta B/L=0.25\sim1.0$)时框架群之间滩面的防护效果试验,试验水深 7.6m、流速 2m/s,试验后框架守护区冲刷地形见图 7-31。图 7-32 为两个框架群之间滩面中部高程随冲刷时间的变化,可以看出框架群之间的滩面由于未抛投框架,滩面出现了一定程度的冲刷变形,滩面冲刷变形程度与抛投间距有关,随抛投间距的加大而增强。

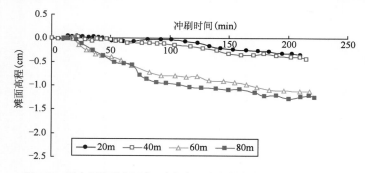

图 7-31　透水框架群之间滩面中部高程随清水冲刷时间变化(模型值)

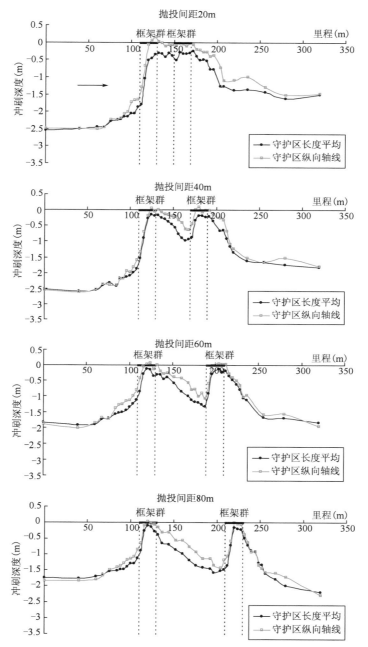

图 7-32　框架守护区冲刷深度沿程变化(抛投密度 2.188 个/m²,宽度 20m,流速 2.0m/s)

　　图 7-33 为透水框架守护区冲刷深度沿程变化,表 7-3 统计了框架群之间滩面冲刷深度,可以看出,当抛投间距为 20m 时,框架群之间滩面沿程冲刷较为平缓,框架群之间整个滩面平均冲刷约 0.35m,滩面内部冲刷仅 0.04m,框架群对之间滩面的防护效果(平均冲深减小幅度)达 95.1%;加大抛投间距至 40m 时,框架群之间滩面冲刷沿程递增,在下游框架群头部滩面冲刷达到最大,约 0.98m,框架群之间整个滩面平均冲深约 0.56m,滩面内部冲刷

0.26m,框架群之间滩面防护效果降至 68.3%；进一步增大抛投间距至 60m 时,框架群之间滩面沿程最大冲深约 1.32m,整个滩面平均冲深约 0.83m,滩面内部冲刷 0.54m,滩面防护效果减小至 34.1%；抛投间距为 80m 时,框架群之间滩面冲刷深度与下游无框架群防护时基本相同,表明下游框架群对之间滩面无守护效果。图 7-34 为透水框架群之间滩面平均冲刷深度与抛投间距关系,可见滩面冲刷深度随抛投间距的增大而快速加大。

图 7-33　不同抛投间距下冲刷后地形(抛投密度 2.188 个/m², 宽度 20m, 流速 2.0m/s)

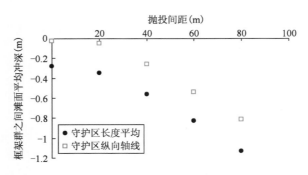

图 7-34　透水框架群之间滩面平均冲刷深度与抛投间距关系

透水框架群间隔防护对之间滩面冲深影响 表 7-3

流速 （m/s）	水深 （m）	抛投间距 ΔB（m）	ΔB/L	框架群之间全部滩面			框架群之间内部滩面		
				最大冲刷 深度（m）	平均冲刷 深度（m）	平均冲深 减小幅度 （%）	最大冲刷 深度（m）	平均冲刷 深度（m）	平均冲深 减小幅度 （%）
2	7.6	0	0	0.32	0.26	77.4	0.07	0.03	96.3
2	7.6	20	0.25	0.43	0.35	69.6	0.11	0.04	95.1
2	7.6	40	0.50	0.98	0.56	51.3	0.61	0.26	68.3
2	7.6	60	0.75	1.32	0.83	27.8	1.05	0.54	34.1
2	7.6	80	1.00	1.59	1.13	1.7	1.41	0.81	1.2
2	7.6	下游无框架群		1.61*	1.15*	0.0	1.50*	0.82*	0.0

注：带 * 的数据为仅一个框架群条件，对应的冲刷深度取框架群下游 80m 范围的数据；平均冲深减小幅度是与下游无框架群的冲刷相比较；抛投间距为 0 的冲刷数据由试验组次 3 得到；平均冲深减小幅度可认为是框架群对之间滩面的防护效果。

综上，当采用框架群间隔防护滩面时，抛投间距不宜大于 20m。

7.5　本章小结

在 4m 宽的水槽中，模拟了比尺为 1:40 的扭双工字形透水框架在抛投范围 80m×（40～10）m（长×宽）、抛投密度 0～2.918 个/m²、抛投间距 20～80m、水深 7.6m，流速 2.0m/s、2.5m/s 条件下的消能护滩效果。试验表明，透水框架可较好地对滩面近底水流进行消能减速，从而达到护滩的效果，且框架体自身具有良好的稳定性能，在框架群边缘局部冲刷形成的过程中，未出现框架冲散、走失的现象。

透水框架护滩后，滩面纵向冲刷分为五个区段：上游滩面冲刷区、框架群头部顶冲区、框架群内部防护区、框架群下游防护区、下游滩面冲刷区。滩面横向冲刷分三个区段：滩面冲刷区、框架群边缘侧蚀区、框架群内部防护区。

透水框架群迎流面及两侧分别受主流顶冲、水流侧蚀，形成冲刷缓坡，有利于对抛投区内部滩面的保护；框架群下游防护区滩面冲刷深度与抛投密度、抛投间距、水流条件有关，与抛投宽度关系不显著，随抛投密度的加大，或抛投间距减小，抑或流速减小，冲刷深度减小。

透水框架群对滩面的守护效果与框架抛投密度有关，抛投区冲刷深度随抛投密度的增大而快速减小。当抛投密度较小时，如 0.729 个/m²，框架之间滩面暴露易受水流淘刷，引起受护滩面仍冲刷下切，但下切速度及幅度较未护滩面平缓许多。当抛投密度为 1.459 个/m² 时，抛投区内部冲深减小幅度达到 92%，当抛投超过 2.188 个/m² 时，在 2.0m/s 流速作用下，抛投区内部滩面可完全得到守护。

当采用透水框架群间隔防护滩面时，框架群之间滩面冲刷深度随抛投间距的增大而快速加大，抛投间距为 20m 时，框架群对之间滩面的防护效果达 95.1%，间距为 40m 时，防护效果降至 68.3%，间距为 80m 时，框架群对之间滩面无守护效果。

由于该透水框架拟抛投于长江下游通州沙滩面上,易受风浪、潮流共同作用,抛投 2 层时,框架在空间上交错嵌套,具有较好的稳定性,结合框架抛投密度、抛投宽度、抛投间距与消能护滩效果的关系,流速 2.0m/s 左右时,扭双工字形透水框架抛投密度宜选取 1.5 ~ 2.2 个/m²,抛投宽度不宜小于 20m,抛投间距不宜大于 20m。

参 考 文 献

［1］ 余文畴,卢金友.长江河道演变与治理［M］.北京:中国水利水电出版社,2005.

［2］ 钱宁,张仁,周志德.河床演变学［M］.北京:科学出版社,1989.

［3］ 王杰昌.河流动力学［M］.北京:人民交通出版社,2004.

［4］ 潘庆燊.长江中下游河道演变趋势及对策［J］.人民长江,1997,28(5):22-25.

［5］ 施少华,林承坤,杨桂山.长江中下游河道与岸线演变特点［J］.长江流域资源与环境,
2002,11(1):69-73.

［6］ 张修桂.近代长江中游河道演变及其整治［J］.复旦学报,1994,55-61.

［7］ 潘庆燊.长江中下游河道近50年变迁研究［J］.长江科学院院报,2001,18(5):18-22.

［8］ 陈泽方,童辉,姚丽娟.长江中游武汉河段近期河道演变分析［J］.人民长江,2006,37
(11):49-50,72.

［9］ 王维国,阳华芳,熊法堂,等.近期长江荆江河道演变特点［J］.人民长江,2003,34(11):
19-21.

［10］ 胡红兵,胡光道.基于DEM的河道演变可视化表达和定量分析［J］.长江科学院院报,
2008,25(2):26-28.

［11］ 齐璞,孙赞盈,刘斌,等.黄河下游游荡性河道双岸整治方案研究［J］.水利学报,2003,
(5).

［12］ 胡向阳.三峡工程运用后长江中下游河道演变趋势探讨［C］.2008.

［13］ 赖永辉,谈广鸣,曹志先.河道采沙对河流河道演变及人类生产活动影响研究述评［J］.
泥沙研究,2008,(6):74-80.

［14］ 戴清.河道演变机理及其成因分析系统探讨［J］.泥沙研究,2007,(5):54-59.

［15］ 王伟,白亮,李圣伟.基于GIS的河道演变与可视化分析方法研究［J］.人民长江,2006,
37(12):4-7.

［16］ 刘怀汉,付中敏.三峡工程蓄水以来对长江中游航道的影响及治理思路［C］.2007.

［17］ 黄胜.密西西比河口治理及主要经验［R］.美国密西西比河口治理考察报告,中国河口
治理考察团,1982.

［18］ 刘万利,李旺生,朱玉德,等.长江中游戴家洲河段航道整治思路探讨［J］.水道港口,
2009(1).

［19］ 荣天富.抚今追昔话整治—航道情怀,庆祝长江航道局50周年征文集［M］.武汉:长江
航道局,2007.

［20］ 李旺生.长江中下游航道整治技术问题的几点思考［J］.水道港口,2007(06).

［21］ 罗海超.长江中下游河道演变及整治的研究与展望［J］.长江科学院院报,1992,9(3):
32-38,52.

［22］ 陈晓云,周冠伦,刘怀汉.长江中游航道整治技术研究［J］.水道港口,2005,25(增)：7-14.

［23］ 李旺生,朱玉德.长江中游沙市河段航道治理方案专题研究(阶段成果报告)［R］.天津:交通部天津水运工程科学研究所,2006.

［24］ 朱玉德,李旺生.长江中游沙市河段航道治理思路的探讨［J］.水道港口,2006(4)：223-226.

［25］ 李旺生,朱玉德.长江中游沙市河段河床演变分析与趋势预测［J］.水道港口,2006(5)：294-299.

［26］ 谢鉴衡,丁君松,王运辉.河床演变及整治［D］.武汉:武汉水利电力学院,1990.

［27］ 李旺生.长江中游戴家洲河段河床演变初步分析报告［R］.天津:交通部天津水运工程科学研究所,2007.

［28］ 李青云,谭伦武,张明进.长江下游东流水道航道整治经验总结［J］.水道港口,2007(3).

［29］ 张幸农.长江南京以下河段深水航道整治基本原则与思路［J］.水利水运工程学报,2009(04)：128-133.

［30］ 陈晓云.长江中游航道整治技术研究［J］.水道港口,2005,25(增)：7-14.

［31］ 周跃.航道整治工程技术要点初探［J］.中小企业管理与科技,2010,(31)：251.

［32］ 黄胜.河口航道整治的进展［J］.水利学报,1985,(5)：35-39.

［33］ 卢汉才,张定邦,方住岱.内河航道整治技术发展战略［J］.水道港口,1987,(Z1)：1-7.

［34］ 李青云,谭伦武,张明进.长江下游东流水道航道整治经验总结［J］.水道港口,2007,28(3)：169-172.

［35］ 中国科学院地理研究所.长江中下游河道特性及其演变［M］.北京:科学出版社,1985.

［36］ 刘东生,熊明,张景泰.长江城陵矶——汉口河段的冲淤变化及分析［J］.水利水电快报,1999,(18)：24-27.

［37］ 杨怀仁,唐日长.长江中游荆江变迁研究［M］.北京:中国水利水电出版社,1999.

［38］ 潘庆焱,卢金友,胡向阳.长江中游宜昌至城陵矶河段河道演变分析［J］.长江科学院院报,1997,(3)：19-22.

［39］ 许全喜,袁晶,伍文俊,等.三峡工程蓄水运用后长江中游河道演变初步研究［J］.泥沙研究,2001,(4)：38-46.

［40］ 卢汉才.内河航道整治工程科技进步的回顾和展望［J］.水道港口,2004,25(增)：3-7.

［41］ 杨超.浅谈航道整治的原则任务及方法［J］.中国水运,2010,10(12)：185-186.

［42］ 曹文洪,陈东.阿斯旺大坝的纳斯哈效应及启示［J］.泥沙研究,1998(4)：79-85.

［43］ 黄颖.水库下游河床调整及防护措施研究［D］.武汉:武汉大学,2005.

［44］ Williams G. P. , Wolman M. G. Downstream effects of dams on alluvial rivers. In: Geological Survey Professional Paper 1286 U. s. Government Printing Office, Washington, DC,1984.

［45］ 许炯心.汉江丹江口水库下游河床下伏卵石层对河床调整的影响［J］.泥沙研究,1999(3)：48-52.

［46］ David J. Gilvear. Patterns of channel adjustment to impoundment of the upper river Spey, Scotland（1942-2000）, River Research and Application,2004,20:151-165.

［47］ 韩其为,童中均.丹江口水库下游分汊河道河床演变特点及机理[J].人民长江,1986（3）:27-32.

［48］ 毛继新,韩其为.水库下游河床粗化计算模型[J].泥沙研究,2001（1）:57-61.

［49］ 韩其为.水库淤积[M].北京:科学出版社,2003.

［50］ 张耀新,韦直林,吴为民.赣江万安水电站下游一维费恒定流水沙数学模型[J].广西电力工程,1999（4）:71-76.

［51］ 李义天,高凯春.三峡枢纽下游宜昌至沙市河段河床冲刷的数值模拟研究[J].泥沙研究,1996（2）:3-8.

［52］ 龙慧,刘庚临,单剑武.三峡工程简称后枝城直枝江河段浅滩演变分析[J].人民长江,2001（32）:29-31.

［53］ 唐从胜,宋世杰,王维国.葛洲坝枢纽运行对下游河段影响的监测研究[J].人民长江,2001（32）:11-13.

［54］ 李云中.长江宜昌河段低水位变化研究[J].中国三峡建设,2002（5）:12-14.

［55］ 钱宁,张仁.河床演变学[M].北京:科学出版社,1987.

［56］ 长江科学院.丹江口水利枢纽库区和坝下游河道治理[C]//长江三峡工程泥沙问题研究（第七卷）.北京:知识产权出版社,2002:93-103.